AF458018

ÉTUDE

SUR LES

ACIDES GUMMIQUES ; NOUVEAU SUCRE EN C^5

« PRUNOSE »

ÉTUDE

SUR LES

ACIDES GUMMIQUES; NOUVEAU SUCRE EN C^5

« PRUNOSE »

PAR

Félix GARROS

LAURÉAT DE L'INSTITUT

PARIS

GEORGES CARRÉ, ÉDITEUR

3, RUE RACINE, 3

1894

CONTRIBUTION A L'ÉTUDE

DES

ACIDES GUMMIQUES, NOUVEAU SUCRE EN C^5

« PRUNOSE »

INTRODUCTION

Pendant le cours de ce travail, j'ai eu à ma disposition peu de données.

Tous les chimistes savent que sur les matières gommeuses nos connaissances sont bien restreintes, leurs propriétés chimiques sont à peine connues, vu, sans doute, les difficultés surgissant à chaque pas dans leur étude.

Les relations qui existent entre ces matières et les diverses autres gélatineuses, pectiques..., qui offrent un aspect à peu près identique, des propriétés très voisines, font que les unes et les autres semblent dériver souvent de la même façon dans les actes physiologiques de mêmes principes.

Ces relations, en apparence si étroites, ont été la cause de l'identité qu'on leur a souvent attribuée.

MM. Wigand, Frank, Prilleux, Decaisne pensent que les gommes se produisent aux dépens des parties amylacées et ligneuses de l'arbre. Malgré leur diversité, elles ont été envisagées, pour la plupart, comme formées d'un même élément essentiel, l'arabine, qui, sous des influences diverses, prend la forme soluble ou insoluble.

M. Fremy a, le premier, montré que l'arabine était un acide organique et lui a donné le nom d'acide gummique. Celui-ci combiné à 3/100 ou 4/100 de chaux, de potasse et autres bases constituerait les gommes solubles.

Guérin-Vary, dans l'exposé de ses études sur les gommes, dit que la gomme du cerisier contient une substance soluble identique avec la gomme arabique, et M. Fremy, des expériences de ce savant et des siennes, a tiré la conclusion que la cérasine (*gomme du cerisier insoluble*) est une combinaison de chaux et de l'acide métagummique (*gomme arabique insoluble*) obtenu, nous verrons dans quelles conditions, avec la gomme arabique.

Voilà les connaissances que l'on possédait.

Le nombre considérable de ces gommes, la découverte récente de la série des matières sucrées en C^5, semblant montrer que les sucres qui constituent cette nouvelle série sont dérivés, essentiellement, des produits gummiques, donnaient à l'étude de ces derniers un grand intérêt.

D'après la théorie du carbone asymétrique de MM. Lebel et Van't Hoff et la méthode synthétique de M. Fischer, cette série comporterait huit sucres en C^5 (pentoses), alors que quatre seulement sont connus. On pouvait donc espérer la découverte d'un de ces sucres inconnus par l'étude de la saccharification des gommes.

Mes recherches ont, en effet, amené la découverte d'une nouvelle pentose, que j'appelle « *Prunose* », parce que je l'obtiens par saccharification de la gomme du prunier. Elles m'ont conduit également à des résultats que je ne prévoyais pas dès le début, capables de modifier les idées qu'on s'était faites sur la nature de l'acide gummique (*partie organique de la gomme arabique*), de l'acide cérabique (*nom que je propose pour désigner la partie organique de la gomme du cerisier soluble*) et de la cérasine (*partie organique de la gomme du cerisier insoluble*), encore peu étudiés.

Je me suis donc aussi occupé, dans ce travail, des deux acides gummiques les plus répandus : l'acide gummique et l'acide cérabique.

Chacun de ces acides a présenté dans mes expériences une composition centésimale constante, composition commune à tous les deux.

Trois réactions, qui ne dépendent pas des quantités de réactifs mis en action, semblent, néanmoins, différencier ces deux produits.

Envisagés par les auteurs chacun comme un principe hydrocarboné, analogue aux hydrates de carbone proprement dits, ils seraient, d'après les faits expérimentaux que je vais établir, composés de deux principes hydrocarbonés combinés.

Mon travail sera ainsi divisé :

Dans la première Partie, je donnerai une rapide monographie de la préparation de l'acide gummique et je signalerai les observations que j'ai été amené à faire.

J'étudierai ensuite ses propriétés et celles de quelques dérivés, essentiellement les propriétés qui me serviront à montrer l'existence de deux principes immédiats dans cet acide gummique.

J'étudierai, dans le même but, la fermentation de l'acide métagummique.

La deuxième Partie comprendra l'étude de l'acide cérabique (*partie organique de la gomme du cerisier soluble*), essentiellement au point de vue de l'existence des deux principes et celle de son dérivé, la cérasine.

Elle comprendra aussi la fermentation de la cérasine et la caractérisation du microorganisme provoquant cette fermentation.

Je terminerai en rapprochant la plupart des faits mentionnés afin de montrer que les deux acides gummiques étudiés, l'acide gummique et l'acide cérabique, sont chacun constitués par deux principes hydrocarbonés combinés, l'un jouissant des propriétés des hydrates de carbone proprement dits, l'autre fournissant des corps se rattachant à la série aromatique.

Dans la troisième Partie, après avoir donné quelques propriétés des sucres en C^5 connus, celles nécessaires pour les différencier du nouveau sucre, « *Prunose* », de la même série, que j'ai obtenu par saccharification de la gomme du prunier, j'étudierai cette nouvelle matière sucrée. Je dirai ensuite si l'on peut attribuer à la molécule de la « *Prunose* » une des formules de constitution dans l'espace réservées par la théorie du carbone asymétrique, aidée de la méthode synthétique de M. Fischer, aux aldoses pentatomiques (*pentanététrolals*) non encore découvertes.

Avant de commencer l'exposé de mon sujet, je tiens à rendre hommáge aux savants conseils que m'ont prodigués avec tant de bienveillance mon cher maître, M. le Professeur Friedel, et M. le Dr Roux, de l'Institut Pasteur.

PREMIÈRE PARTIE

ACIDE GUMMIQUE ET SES DÉRIVÉS

ACIDE GUMMIQUE

Observations. Préparation. — Dans ses intéressants travaux sur les produits de l'organisation végétale, M. Fremy s'est occupé spécialement de l'étude chimique des gommes.

Les faits nouveaux obtenus par lui peuvent se résumer de la manière suivante :

1° La gomme arabique naturelle n'est pas un principe immédiat neutre ; on doit la considérer comme résultant de la combinaison de la chaux avec un acide très faible soluble dans l'eau, auquel il a donné le nom d'acide gummique ;

2° Cet acide gummique peut éprouver une modification, devenir insoluble sous l'influence de l'acide sulfurique concentré et repasser à l'état soluble par l'action des bases, principalement par l'action de l'eau de chaux. Cet acide insoluble ainsi obtenu a été appelé acide métagummique ;

3° M. Gelis [1] avait observé, de même, que la gomme arabique naturelle (*acide gummique et chaux, potasse...*), sous l'influence d'une température de 150° soutenue pendant plusieurs heures, devient insoluble dans l'eau et que, par l'action prolongée de l'eau bouillante, cette matière insoluble peut régénérer la gomme soluble. Dans cette expérience, d'après M. Fremy, les bases restées combinées à la gomme insoluble produisent la dissolution et jouent donc à ce point de vue le même rôle que celles ajoutées par lui pour faire dissoudre l'acide métagummique ;

4° D'un autre côté, Guérin-Vary [2] a voulu établir que la gomme du cerisier naturelle contient de la cérasine (*gomme insoluble*) et de la gomme arabique.

Il a dit, de même, qu'une longue ébullition pouvait rendre soluble la cérasine naturelle et la transformer en gomme arabique.

M. Fremy, connaissant la présence de la chaux, de la potasse... dans la cérasine naturelle, a pensé que dans cette dernière expérience de Guérin-Vary et dans la sienne, qui consiste aussi à transformer l'acide métagummique (*gomme arabique insoluble*) en gomme arabique soluble dans les mêmes conditions par ces mêmes bases, celles-ci avaient toujours le même rôle.

Il a donc été amené à dire que la cérasine était de l'acide métagummique.

---

[1] FREMY, *Chimie biologique et physiologique*, p. 81.
[2] *Annales de Chimie et de Physique*, t. XLIX, p. 248.

Nous verrons plus loin que la cérasine (*gomme du cerisier insoluble*) n'est pas de l'acide métagummique et qu'elle est composée de gomme du cerisier soluble et d'un tannin qui peut être isolé par traitement à l'éther.

Les tannins provoquant la coagulation (*l'insolubilité après dessiccation*) de la gomme du cerisier soluble, tandis qu'ils ne provoquent pas la coagulation ni l'insolubilité des gommes arabiques et du Sénégal, expliqueront le fait de l'existence de la gomme du cerisier insoluble (*cérasine*) et le fait de la solubilité entière de toutes les gommes arabiques et du Sénégal, quoique plusieurs d'entre elles (*gomme rouge du Sénégal*) contiennent des tannins.

On est ainsi arrivé, par suite des affirmations précédentes dues à une expérimentation insuffisante et à la simple constatation de quelques propriétés communes, à identifier l'acide gummique de la gomme arabique avec l'acide cérabique (*acide gummique de la gomme du cerisier soluble*) et l'acide gummique de la gomme arabique avec l'acide métapectique[1].

En laissant de côté les produits appelés *acide gummique*, parce qu'ils ont quelques propriétés communes avec cet acide et qu'ils sont préparés à l'aide de corps pris comme dérivés de l'acide gummique (*métarabine, pararabine...*)[2], je passerai immédiatement aux préparations

---

[1] SCHEIBLER, *Deutch. Chem. Gessells.*, 1, 58 et 108; 6, 12.
[2] REICHARTS, *Deutch. Chem. Gessells.*, 8, 808.

employées par MM. Fremy et Béchamp pour obtenir l'acide gummique proprement dit, celui de la gomme arabique.

M. Fremy, après avoir constaté que la gomme arabique était un gummate de chaux, eut l'idée d'isoler l'acide gummique par l'acide oxalique ; au moyen de ce réactif, en effet, on précipite la chaux et l'acide gummique reste en dissolution.

Plus tard, ce savant modifia son premier procédé, et pour obtenir l'acide gummique on opère actuellement de la manière suivante :

On dissout la gomme dans l'eau, on ajoute à la solution un excès d'acide chlorhydrique qui se combine aux bases.

Après avoir agité pour rendre le mélange bien intime, on ajoute de l'alcool à 90° jusqu'à complète précipitation. Le précipité est jeté sur un filtre et lavé à l'alcool pour enlever la totalité de l'acide chlorhydrique ; après quoi on le sèche sous cloche à la trompe.

On obtient ainsi l'acide gummique, blanc, amorphe, soluble en toutes proportions dans l'eau. Le pouvoir rotatoire est

$$[\alpha]_j = 34°,96 ;$$

il ne peut être obtenu si élevé qu'en laissant le moins de temps possible l'acide chlorhydrique en contact avec la gomme et l'acide gummique, sinon celui-ci, paraissant identique d'aspect, peut en avoir, après un même

2

temps de dissolution dans l'eau distillée, un bien moindre, lequel peut passer à

— 12°,43 — 5°,18 0°

et même tourner à droite.

On conçoit donc que l'acide chlorhydrique ait une action très vive sur l'acide gummique, les raisons en seront données plus loin.

En considération de cette altérabilité, M. Béchamp a recherché un moyen d'extraction ne mettant en œuvre que des produits dont l'action fût nulle.

La soude caustique en solution peu concentrée, ne modifiant pas l'amidon, lui sembla devoir remplir les mêmes conditions vis-à-vis de l'acide gummique.

Après avoir mélangé la gomme avec une solution de soude bouillante, on sursaturait légèrement par l'acide acétique, après quoi on précipitait par l'alcool.

Le produit ainsi obtenu avait des pouvoirs rotatoires bien variables.

Cette expérience démontrait que cet alcali exerce une forte action transformatrice sur l'acide gummique. On ne pourrait donc s'en servir pour une préparation.

Elle suggéra, néanmoins, à ce savant l'idée d'employer l'acide acétique pour la préparation de l'acide gummique.

En effet, une solution de gomme, en contact avec l'acide acétique, produisant une déviation de

— 5°,28,

chauffée à 80°-90° en tube scellé pendant une heure et demie avec de l'acide acétique, donnait encore la même déviation.

D'après cette expérience, l'acide acétique, ne modifiant pas l'acide gummique, était un des produits recherchés pour sa préparation.

Voici dans quelles conditions M. Béchamp l a utilisé[1] :

Une solution épaisse de gomme est additionnée d'acide acétique cristallisable, de façon à obtenir un mélange assez fluide pour pouvoir être filtré. Le liquide filtré, un peu visqueux, est alors additionné d'une plus grande quantité d'acide acétique cristallisable, la matière précipitée jetée sur un filtre y est lavée avec le même acide. La masse égouttée est alors redissoute dans l'eau en solution épaisse et précipitée par un grand excès d'alcool ; elle est réduite en poudre et, enfin, lavée complètement à l'alcool, essorée, séchée sous cloche sur l'acide sulfurique.

Propriétés de l'acide gummique. — L'acide gummique ainsi préparé laisse à l'incinération à peine 0,5 0/0 de cendres. Divers échantillons ont donné pour le pouvoir rotatoire

$$[\alpha]_j = -35°.$$

Ces résultats et celui obtenu par le précédent procédé

[1] Béchamp, *Bull. Soc. Chim.*, VII, p. 587.

portaient donc à admettre que le pouvoir rotatoire de l'acide gummique, s'il n'est pas d'une façon absolue 35°, est bien voisin de ce chiffre.

Dès le début de ce travail, j'ai constaté [1] que l'acide gummique préparé à l'aide de la gomme arabique vraie, mes expériences ont été faites avec de l'acide gummique provenant de cette gomme, tel qu'on l'a considéré : principe immédiat, auquel on a attribué la formule

$$C^{12}H^{22}O^{11},$$

est franchement acide au papier de tournesol ; il est soluble dans la liqueur de Schweizer. Ses solutions aqueuses ne sont pas coagulées par les acides tanniques : acide gallotannique, acide cachoutannique... Si l'on ajoute de l'ammoniaque à ses solutions aqueuses additionnées d'alcool, il se produit une fluorescence bleue. Humide, il se dessèche rapidement à l'air libre sans altération sensible.

Il précipite par l'alcool et le sous-acétate de plomb et ne précipite pas par l'acétate neutre. Par le sulfate de sesquioxyde de fer, il donne un précipité gélatineux jaunâtre. Je cite ces quatre dernières propriétés, quoique bien connues ; elles me serviront à établir, avec d'autres, une différence de réactions entre l'acide gummique et les corps que l'on a confondus avec lui.

---

[1] *Journ. de Pharm. et de Chim.*, 5, t. XXIV, p. 97.

En contact avec le réactif cupropotassique, l'acide gummique dès le début ne le réduit pas; mais, si l'on porte à l'ébullition pendant une ou deux minutes seulement, on a une forte réduction, d'autant plus accusée que l'on chauffe plus longtemps; même phénomène avec le nitrate d'argent ammoniacal.

C'est l'alcali de ces liqueurs qui exerce l'action transformatrice sur l'acide gummique.

Par l'action de l'iodure d'azote sur l'acide gummique, M. Husson[1] a obtenu un produit de substitution,

$$C^{12}H^{20}I^{2}O^{11}.$$

En le chauffant avec 2 parties d'anhydride acétique à 150°, MM. Schutzenberger et Naudin[2] ont obtenu un produit tétracétique et, avec un excès d'anhydride en chauffant à 180°, ils ont pu obtenir un dérivé hexacétique, terme qu'on n'a pu dépasser.

Action de la chaleur. — L'action de la chaleur sur l'acide gummique produit des modifications intéressantes.

Chauffé à 115°-120° il perd une molécule d'eau H^2O. Sa formule primitive était avant déshydratation

$$C^{12}H^{22}O^{11},$$

---

[1] *Deutch. Chem. Gessellsch.*, 5, 830.
[2] *C. R.*, t. LXVIII, 816.

elle deviendrait donc :

$$C^{12}H^{20}O^{10} \text{ ou } (C^6H^{10}O^5)^2.$$

Je reviendrai sur ces considérations après avoir exposé le résultat de mes expériences sur l'acide gummique et l'acide cérabique.

L'acide gummique chauffé à 180° pendant trois quarts d'heure devient insoluble. Si l'on fait passer pendant le chauffage à 180° un courant de gaz inerte : hydrogène, acide carbonique, l'insolubilité ne se produit pas. L'oxydation intervient donc dans cette réalisation d'insolubilité.

Ce fait semble être général. J'ai constaté, en effet, par l'analyse de l'acide métagummique (*acide gummique insoluble*), par celle faite avec l'acide cérabique rendu insoluble (*acide gummique de la gomme du cerisier rendu insoluble*), analyses que je donnerai lorsque je m'occuperai spécialement de ces produits, que, toutes les fois qu'il y a insolubilité produite dans les acides gummiques, il y a oxydation.

Si l'on distille au bain de sable dans une vaste cornue de l'acide gummique préparé avec un seul gros morceau de gomme (*je signale cette particularité pour montrer que je n'opère pas avec de l'acide gummique provenant d'un mélange de gommes, car souvent les gommes du commerce peuvent être des mélanges de gommes diverses*), en ayant soin de bien refroidir les vapeurs au moyen d'un réfrigérant, de même que le flacon récepteur, on obtient un liquide huileux fortement coloré.

Le flacon récepteur est muni d'un bouchon à deux trous, laissant passer d'une part le tube du réfrigérant, de l'autre un tube ascendant chargé de compléter la condensation des vapeurs.

Ce liquide, distillé d'abord avec beaucoup de soins au bain-marie, fournit entre 45°-60° un mélange à odeur éthérée. Ce dernier caractère et le point d'ébullition de l'acétone, 56°,3, me firent penser que j'avais dû obtenir ainsi de l'acétone.

J'ai en conséquence fait digérer le mélange avec de la chaux vive concassée, puis redistillé sur du bichromate de potasse; il a été enfin rectifié une dernière fois sur du chlorure de calcium.

La combinaison au bisulfite de soude a été essayée, elle s'est effectuée. En décomposant ensuite par une solution de potasse, j'ai obtenu de l'acétone

$$CH^3 - CO - CH^3$$

avec toutes ses propriétés.

En continuant la distillation au bain d'huile entre 230°-250° j'ai obtenu un liquide fortement coloré.

Le point d'ébullition de la pyrocatéchine, 245°, est entre ces limites. Certaines gommes, la gomme rouge du Sénégal et la gomme du cerisier insoluble (*cérasine*), notamment, contiennent des tannins verdissant les sels de peroxyde de fer; les tannins verdissant les sels de peroxyde de fer donnent par distillation sèche de la pyrocatéchine. Ces coïncidences m'ont amené à envisager ce liquide comme contenant essentiellement de la pyrocatéchine. — Je crois devoir rappeler que l'acide gummique employé, préparé avec un seul morceau de gomme arabique vraie, était loin d'accuser, aussi bien par l'apparence que par les réactifs, l'analyse..., la moindre trace de tannin.

Enfin, le liquide passé entre ces deux degrés de température avait partiellement cristallisé par refroidissement.

Les cristaux furent exprimés entre des papiers buvards; je les fis cristalliser plusieurs fois dans la benzine. J'obtins ainsi des lamelles blanches et brillantes, fondant à 104°-105°, bouillant à 245°. Le perchlorure de fer colorait les solutions aqueuses en vert émeraude et le bicarbonate de soude les faisait passer au violet.

C'était bien de la pyrocatéchine

```
          OH
          |
          C
        // \
  H — C       C — OH
      |       ||
  H — C       C — H
        \\  /
          C
          |
          H
```

Cette production simultanée d'acétone et de pyrocatéchine dans la distillation sèche de l'acide gummique porte déjà à penser que cet acide est constitué par deux principes de nature différente. D'autres faits nombreux, que je citerai dans le cours de ce travail, viendront le corroborer et montreront que dans les modifications de cet acide il se produit simultanément des corps que nous savons dériver facilement des hydrates de carbone, et d'autres se rattachant à la série aromatique.

Les actions de l'acide nitrique, les anomalies dans les pouvoirs rotatoires des gommes nitriques, les actions de l'acide sulfurique et la fermentation de l'acide métagummique par le *penicillium glaucum* me permettront d'attirer l'attention sur cette dualité constitutive de l'acide gummique.

Action de l'acide nitrique. — Après avoir chauffé au bain-marie une petite quantité d'acide gummique, préparé comme toujours avec un seul gros morceau de gomme, avec de l'acide nitrique de densité 1,4, j'ai remarqué que, dans les conditions que je vais mentionner, on obtenait toujours de l'acide mucique

$$CO^2H - CH.OH - CH.OH - CH.OH - CH.OH - CO^2H$$

et de l'acide oxalique

$$CO^2H - CO^2H.$$

Le ballon contenant l'acide gummique et l'acide nitrique de densité 1,4 est surmonté d'un long tube condensateur. Lorsque l'attaque a commencé, on l'enlève rapidement et il est refroidi sous un courant d'eau froide

Dans ces conditions, il ne peut se produire d'acide oxalique aux dépens de l'acide mucique.

Lorsqu'on fait agir l'acide nitrique fumant sur l'acide gummique, celui-ci est dissous. M. Béchamp a constaté qu'après addition d'eau à la dissolution il se précipite un produit amorphe blanc de formule identique à celle de l'amylide mononitrique

$$C^6H^7O^2\begin{cases}O-AzO^2\\(OH)^2\end{cases}$$

dont le pouvoir rotatoire

$$\alpha_j = + 28°,2.$$

Avec un mélange de 5 parties d'acide nitrique fumant et 3 parties d'acide sulfurique concentré on obtient l'acide gummique dinitrique

$$C^6H^7O^2\begin{cases}(O-AzO^2)^2\\OH\end{cases}$$

dont le pouvoir rotatoire

$$\alpha_j = + 22°,56.$$

Nous avons vu que l'acide gummique qui a servi à la préparation de ces composés nitriques est lévogyre, tandis qu'ils sont dextrogyres, anomalie restée encore inexpliquée.

Ce phénomène ne dépend pas, comme il arrive pour

certaines substances, de la nature du dissolvant, qui change le sens et l'intensité de la déviation.

En effet, en chauffant ces composés nitriques avec une solution de protochlorure de fer, il y a dégagement de bioxyde d'azote ; il reste un produit qui n'a plus les propriétés de l'acide gummique, contrairement à ce qui arrive avec l'amylide nitrique et le pyroxyle, qui, par un traitement identique, régénèrent l'amidon et la cellulose.

Ce produit régénéré est dextrogyre, tandis que l'acide gummique générateur était lévogyre ; il donne de l'acétone, de l'acide mucique, de la galactose et peut reformer les composés nitriques dont il dérive et être ensuite régénéré avec ses propriétés.

Je montrerai que ce produit est vraisemblablement l'un des deux principes, dont j'établirai l'existence par le rapprochement des nombreux faits cités dans l'étude de l'acide gummique et de l'acide cérabique.

Action de l'acide sulfurique dilué. — Tout récemment encore, l'arabinose $C^5H^{10}O^5$ était confondue avec la galactose $C^6H^{12}O^6$.

M. Scheibler la découvrit en 1868 en saccharifiant la gomme arabique ; il la considéra comme un nouveau sucre, mais par analogie lui attribua cette dernière formule $C^6H^{12}O^6$. Kiliani, en voulant obtenir le nouveau produit de M. Scheibler, obtint de la galactose [1].

---

[1] *Deutch. Chem. Gessellsch.*, XIII, 2304.

L'existence de l'arabinose fut dès lors mise en doute; en 1886, on la croyait encore identique à la galactose; en 1888, MM. Brown et Morris déterminent son poids moléculaire par l'examen cryoscopique[1]. Sa nouvelle formule, $C^5H^{10}O^5$, ainsi établie, levait toute hésitation; l'arabinose était, comme l'avait dit Scheibler, une nouvelle matière sucrée.

J'apporterai une espèce de justification aux erreurs qui ont laissé la question si longtemps pendante:

J'ai constaté que l'acide gummique, provenant d'un seul morceau de gomme arabique vraie, donnait par saccharification à l'aide de l'acide sulfurique étendu toujours de la galactose et de l'arabinose.

Dans un petit ballon je place 9 ou 10 grammes d'acide gummique, 40 grammes d'eau et 1 gramme d'acide sulfurique.

Le tout est chauffé au bain-marie jusqu'à ce qu'une prise d'essai ne précipite plus par addition de deux tiers du volume d'alcool. On neutralise ensuite par le carbonate de baryte, on filtre et la solution est évaporée jusqu'à consistance de miel.

On a ainsi un mélange de galactose et d'arabinose.

Pour séparer les deux matières sucrées, on fait digérer au bain-marie avec l'alcool absolu dans un ballon surmonté d'un réfrigérant ascendant.

L'arabinose est assez soluble dans ce liquide, tandis que la galactose ne l'est pas sensiblement.

---

[1] BROWN et MORRIS, *Chem. Centralblatt*, 1888 891.

La solution alcoolique évaporée, cristallisée, reprise plusieurs fois par le même solvant après plusieurs cristallisations, fournit des cristaux prismatiques brillants d'arabinose $C^5H^{10}O^5$, que j'ai caractérisés nettement par le pouvoir rotatoire

$$[\alpha]_D = + 105^\circ,$$

le point de fusion 160°, et celui de l'arabinosazone $C^{17}H^{20}Az^4O^3$, qui est 158°.

Quant au résidu de la digestion dans l'alcool absolu, il est épuisé plusieurs fois par ce même liquide, de façon à séparer toutes traces d'arabinose. A l'aide de cristallisations et de traitements successifs par l'alcool à 80 centièmes, j'ai ainsi obtenu de la galactose $C^6H^{12}O^6$, caractérisée par son pouvoir rotatoire

$$[\alpha]_D = + 80^\circ,74,$$

son point de fusion 161°,5, et celui de son osazone, $C^{18}H^{22}Az^4O^4$, qui est 170°-171°.

La production simultanée de ces deux sucres par saccharification de l'acide gummique, et conséquemment de la gomme arabique, leurs propriétés à peu près semblables expliquent pourquoi on a confondu si longtemps ces deux sucres entre eux.

Mais, si je me suis livré à cette étude spéciale, ce n'est pas tant pour donner une explication, je dirai même une atténuation à ces erreurs; je recherchais le plus de faits possible pour appuyer celui de l'existence de deux principes dans l'acide gummique. En effet, la moyenne des rendements est : galactose, 33 0/0 ; arabinose, 20 0/0 ; rendements assez élevés vu la destruction inévitable d'une partie de la matière dans ces opérations. Ces nombres 33 et 20 sont précisément dans le même rapport que 180 et 150, poids moléculaires de la galactose et de l'arabinose.

Action de l'acide sulfurique concentré (d = 1,84).

ACIDE RUFIGUMMIQUE

Dans le cours de mes observations sur l'action exercée par l'acide sulfurique sur l'acide gummique, j'ai remarqué que, lorsqu'une solution aqueuse d'acide gummique à 10 0/0 était mise sur l'acide sulfurique concentré (d = 1,84), celle-ci surnageait et dans la couche intermédiaire il se développait une belle coloration rouge cramoisi ; la couche non encore attaquée était verdâtre.

En laissant ainsi l'expérience se continuer, l'acide sulfurique gagnait de plus en plus la couche gommeuse dont les différents niveaux se coloraient successivement en ces mêmes couleurs.

J'avais déjà observé exactement le même phénomène avec des solutions d'acide gallotannique, cachoutannique.

L'idée me vint qu'il devait se former ainsi avec l'acide gummique, dans lequel les réactifs, l'analyse..., ne décélaient aucunement la trace d'une matière tannique, un composé analogue aux acides rufigallique, rufimorique formés dans les mêmes conditions avec les tannins correspondants.

Elle venait confirmer l'idée que j'avais déjà, après avoir constaté la présence des tannins dans diverses gommes et avoir obtenu de la pyrocatéchine par distillation sèche de l'acide gummique, à savoir que ce dernier acide est susceptible de fournir des corps analogues à ceux fournis par les tannins verdissant les sels de fer.

Je recherchai donc le moyen de préparer avec l'acide gummique, toujours préparé avec la gomme arabique vraie et dans lequel les expériences ne décelaient, comme toujours, aucun mélange, je cherchai, dis-je, à préparer un acide analogue à ceux obtenus par le tannin ordinaire et l'acide morintannique.

Voici dans quelles conditions j'opère pour obtenir cet acide auquel, par analogie, je propose de donner le nom d'*acide rufigummique*.

Je dissous 40 grammes d'acide gummique dans 400 grammes d'eau distillée. Je verse la solution aqueuse dans un ballon contenant 1,000 grammes d'acide sulfurique concentré, avec précaution, afin qu'il n'y ait pas mélange. Après quoi, on refroidit par immersion dans l'eau froide.

La réaction, pour être complète, exige environ une heure; on le reconnaît à la coloration qui a gagné toute la couche gummique. Il est indispensable d'opérer dans ces conditions; si l'action de l'acide sulfurique était trop subite, il se formerait aux dépens de l'acide gummique des matières ulmiques, qu'il serait ensuite très difficile de séparer.

De même, lorsque la réaction est terminée, il est également indispensable, à cause de la destruction de l'acide rufigummique qui se produirait vite ainsi par un trop long contact avec l'acide sulfurique, de passer à la deuxième opération.

On jette par petites portions dans 10 volumes d'eau en ayant soin d'agiter. Le lendemain, l'acide rufigummique est précipité. On le met sur un filtre.

Le liquide filtré contient de la galactose, que l'on sépare par concentration de la liqueur, traitement par l'alcool à 80 centièmes et cristallisations successives.

On lave soigneusement le précipité à l'eau jusqu'à ce que celle-ci ne précipite plus par le chlorure de baryum. Il est ensuite desséché sur l'acide sulfurique sous la cloche à vide.

L'acide rufigummique ainsi obtenu, le rendement est environ 5 0/0, est en petits grains cristallins, insolubles dans l'eau, assez solubles dans l'alcool fort et l'éther; il se dissout dans l'acide sulfurique concentré en donnant une belle coloration rouge. Dans l'ammoniaque la solution est également d'un beau rouge pourpre.

Chauffé vers 220°, il se détruit en partie. En suspension dans l'eau acidulée, il offre une fluorescence verdâtre.

Autant de propriétés analogues à celles des acides

rufigallique et rufimorique; comme ce dernier, il ne teint pas les tissus mordancés; comme lui, il forme des précipités rouge sale avec l'eau de baryte, l'acétate de plomb.

Les analyses ont donné les pourcentièmes suivants:

Substance	0gr1920
CO^2	0gr4525
H^2O	0gr0653

Soit en centièmes :

C	64,28
H	3,77
O (diff.)	31,95

Les propriétés de cet acide rufigummique préparé à l'aide de l'acide gummique, propriétés analogues à celles des acides rufigallique, rufimorique préparés dans les mêmes conditions, avec les tannins correspondants, rapprocheraient déjà l'acide gummique des tannins.

Dans la première et la deuxième Partie de ce travail, je montrerai, en effet, que des acides gummiques sont susceptibles de fournir ces produits.

La fermentation de l'acide métagummique (*acide gummique rendu insoluble*), l'acide cérabique et l'origine du tannin de la cérasine me permettront de montrer leur formation.

ACIDE MÉTAGUMMIQUE

Si l'on prépare une solution aqueuse fort épaisse d'acide gummique, d'une consistance telle qu'elle se détache difficilement du vase qui la contient ; si, d'autre part, dans un autre vase on met de l'acide sulfurique de densité 1,84 et que l'on verse la solution gummique sur cet acide, celle-ci surnage. Après deux jours, elle s'est transformée en une espèce de membrane blanche, tremblotante. C'est à ce produit que M. Fremy a donné le nom d'*acide métagummique*.

On peut le laver à l'eau pour enlever toutes traces d'acide sulfurique, elle est devenue complètement insoluble. L'eau bouillante ne la dissout pas malgré le temps ; mais si, à l'eau, on ajoute des traces de bases alcalines ou alcalino-terreuses, il y a dissolution assez rapide.

J'ai déjà parlé d'une expérience dans laquelle l'acide gummique chauffé à 180°, pour devenir insoluble, devait être exposé à l'air libre ; l'insolubilité ne se produisant pas en présence de l'hydrogène, du gaz carbonique, l'oxydation était nécessaire.

Les analyses montrent qu'il y a aussi oxydation dans la formation de l'acide métagummique (*acide gummique devenu insoluble*).

ANALYSE DE L'ACIDE GUMMIQUE PROVENANT DE LA GOMME ARABIQUE VRAIE ET LAISSANT 0gr,5 DE CENDRES

Substance	0,2845
CO^2	0,4383
H^2O	0,1659

Soit en centièmes :

Trouvé à l'analyse		Théorie pour $C^{12}H^{22}O^{11}$	
C	42,01	C	42,10
H	6,48	H	6,43
O (diff.)	51,51	O (diff.)	51,47

ANALYSE DE L'ACIDE MÉTAGUMMIQUE PRÉPARÉ AVEC L'ACIDE GUMMIQUE PRÉCÉDENT LAISSANT 0gr,3 DE CENDRES

Substance	0,2361
CO^2	0,3479
H^2O	0,1325

Soit en centièmes :

Trouvé à l'analyse.		Théorie pour $C^{12}H^{22}O^{12}$	
C	40,18	C	40,22
H	6,23	H	6,14
O (diff.)	53,59	O (diff.)	53,64

S'il y avait hydratation, pour

$$C^{12}H^{24}O^{12}$$

les chiffres seraient théoriquement : C = 40,00 ; H = 6,66 ; O = 53,33 ; ils sont en désaccord avec ceux obtenus.

Fermentation de l'acide métagummique. — Je placerai ici une expérience, qui va mettre en action le *penicillium glaucum*, dont je parlerai en détail plus loin, au sujet de la fermentation de la cérasine (*gomme du cerisier insoluble*).

Dans cette expérience, d'une durée de six mois, j'ai observé essentiellement ce qui pouvait m'intéresser actuellement, je veux parler de la formation d'une matière tannique dans le cours de la fermentation.

Voici ce que j'ai fait et constaté :

Dans deux ballons j'ai mis 60 grammes d'acide métagummique, préparé avec l'acide gummique de la gomme arabique vraie, en menus morceaux, et 300 grammes d'eau ; j'ai fermé le goulot avec un tampon de ouate.

Dans l'un des ballons à l'aide d'un fil de platine flambé, j'ai ensemencé une des houppes mycéliennes, qui s'étaient développées dans un autre ballon contenant de l'eau stérilisée et des fragments de cérasine, lesquels avaient été préalablement chauffés peu de temps dans l'eau bouillante pour en stériliser les surfaces.

Les ballons dans mes expériences ont été toujours fermés avec un tampon de ouate.

J'avais ainsi ensemencé du *penicillium glaucum*.

L'autre ballon était gardé comme témoin : le tout laissé à la température ambiante du laboratoire.

Après quatre mois, l'acide métagummique du ballon ensemencé avait disparu et le liquide avait pris la couleur rougeâtre des solutions de tannin exposées à l'air libre.

La coloration bleu verdâtre avec le sulfate ferroso-ferrique, l'accentuation de coloration par les alcalis, montraient qu'il s'était manifestement formé une matière tannique.

Deux mois après, la coloration rougeâtre avait disparu.

Le liquide du ballon non ensemencé n'avait jamais changé de couleur, l'acide métagummique était resté indissous, ses propriétés étaient restées les mêmes, il n'accusait pas les réactions d'un tannin.

Dualité constitutive de l'acide gummique. — Si l'on se reporte à la plupart des résultats des modifications de l'acide gummique, dans lequel les réactifs, l'analyse, le pouvoir rotatoire n'accusaient aucun mélange, on voit que, sous l'influence d'un même agent, il se transforme en deux produits bien distincts.

La chaleur	produit	Acétone	Pyrocatéchine
L'acide nitrique	»	Acide mucique	Acide oxalique
L'acide sulfurique dilué	»	Galactose	Arabinose
L'acide sulfurique conc.	»	Galactose	Acide rufigummique
La fermentation	»		Tannin (vert)

En examinant les corps de la première colonne, ceux-ci sont les dérivés les uns des autres, ils sont fournis par un même principe. Si l'on examine de même les corps de la deuxième colonne : la pyrocatéchine, l'acide oxalique, l'acide rufigummique, le tannin (vert), nous savons qu'ils sont dérivés les uns des autres et bien différents des premiers.

Ne sont-ils pas fournis par un autre principe ? 1° La variabilité des pouvoirs rotatoires de l'acide gummique, comme toujours primitivement dépourvu de tout mélange, autant que j'ai pu en juger par les moyens dont nous disposons actuellement ; 2° le fait de la régénération par les gommes nitriques, préparées avec ce même acide gummique *lévogyre* dont nous connaissons les propriétés, d'un produit *dextrogyre* pouvant redonner à nouveau ces gommes nitriques avec leurs propriétés, fournissant de l'acétone, de l'acide mucique, de la galactose, seraient, il me semble, une confirmation.

Dans la deuxième Partie, je vais étudier l'acide cérabique (*acide gummique soluble de la gomme du cerisier*). Nous trouverons des faits analogues qui appuieront la version considérant l'acide gummique et l'acide cérabique constitués par deux principes dont les propriétés sont différentes.

DEUXIÈME PARTIE

ACIDE CÉRABIQUE ET SES DÉRIVÉS

ACIDE CÉRABIQUE

Observations. — Beaucoup de chimistes, par l'identité que l'on a attribuée à l'acide gummique et à l'acide cérabique, ont été amenés à se servir de la gomme du cerisier, dont celui-ci est la matière organique soluble, pour la préparation de l'arabinose.

Cette identité existerait ou n'existerait pas, l'acide cérabique pourrait, néanmoins, être apte à produire l'arabinose, comme l'acide gummique de la gomme arabique ; on pense encore, en effet, que les différents amidons donnent une même glucose.

Mais la saccharification de ces deux acides ne donnerait pas le même sucre, il y aurait lieu de douter de cette identité.

On commence aujourd'hui, l'étude des sucres ayant pris un grand essor, après les travaux de M. E. Fischer, à différencier des matières sucrées qui précédemment étaient considérées comme les mêmes.

On conteste de plus en plus, avec des arguments nouveaux, l'obtention de l'arabinose par saccharification de la gomme du cerisier.

M. Martin obtient avec la gomme du cerisier la cérasinose, dont les propriétés sont très voisines de celles de l'arabinose, et qui est transformable, d'après l'auteur, en cette dernière par l'action de l'eau acidulée à 100° pendant deux heures [1].

D'un autre côté, MM. Wheeler et Tollens ont retiré de la gomme du bois la xylose [2].

De même, par saccharification de la gomme du prunier j'ai obtenu un nouveau sucre en C^5, « *Prunose* », nettement différent de ceux jusqu'ici connus, qui fera l'objet de la troisième Partie de ce travail.

Ces conditions et ces matières sucrées, dont les propriétés varient suivant les acides gummiques employés pour les préparer, m'ont amené à étudier l'acide cérabique. Nous avons, récemment, M. Hanriot et moi, cherché à nous assurer si l'arabinose obtenue à l'aide de la gomme arabique était analogue à celle obtenue avec la gomme du cerisier, question qui a soulevé des controverses.

Nous avons fait le chloralose de l'arabinose obtenue avec la gomme arabique vraie :

---

[1] MARTIN, *Phytochemische Untersuchung.*, 1er fasc., p. 78.
[2] *Bull. Soc. chim.*, 3e série, V, p. 554 et 740.

$$C^5H^{10}O^5 + C^2HCl^3O - H^2O = C^7H^9Cl^3O^5$$
arabinochloralose

nous avons constaté qu'il était identique à celui obtenu précédemment par M. Hanriot avec l'arabinose préparée à l'aide de la gomme du cerisier, fait qui montrerait que ces deux pentoses sont semblables.

Préparation de l'acide cérabique. — La gomme du cerisier se compose toujours de morceaux entièrement solubles dans l'eau, blancs, et de morceaux dont une partie plus ou moins grande est soluble ; l'autre partie se gonfle seulement dans l'eau. Ces derniers morceaux sont toujours plus ou moins colorés.

Les parties solubles sont exclusivement composées d'une matière organique, *acide cérabique*, et de base, *chaux, potasse.*

Mes analyses ont donné :

Acide cérabique................	81,095
Bases (chaux, potasse)..........	2,795
Eau.........................	16,120
	100,000

Pour préparer l'acide cérabique, on prend les morceaux solubles les plus blancs. On a soin de laver les parties superficielles par plusieurs immersions dans l'eau. On fait une dissolution aqueuse à 10 0/0; on ajoute, au plus, assez d'acide chlorhydrique pour neutraliser les bases et l'on précipite immédiatement par deux tiers du volume d'alcool à 94°-95°.

On jette rapidement le précipité dans un mortier, on ajoute de l'alcool, on broie de façon à diffuser dans l'alcool l'acide chlorhydrique, on jette sur un filtre parcheminé Schleicher et Schultz, on lave à l'alcool jusqu'à ce qu'une prise d'essai dissoute dans l'eau ne précipite plus par le nitrate d'argent. On sèche rapidement à l'étuve à 50°.

L'acide cérabique conserve ainsi toutes ses propriétés.

Propriétés de l'acide cérabique. — Il est blanc, amorphe, soluble dans l'eau, franchement acide, laisse tout au plus 0gr,6, 0gr,7 de cendres, soluble dans l'oxyde de cuivre ammoniacal.

Les réactifs n'y décèlent pas la présence d'un tannin.

Ces propriétés n'existent que si la préparation a été faite dans les conditions précitées; la moindre trace d'acide chlorhydrique restante suffit pour produire l'insolubilité pendant la dessiccation, et qui est d'autant plus accusée que celle-ci s'est effectuée à une plus haute température.

Il ne précipite ni l'acétate de plomb ni le sous-acétate, mais il précipite par le sulfate de sesquioxyde de fer. Il est coagulé et devient insoluble après addition de solutions d'acide gallotannique, cachoutannique.

Il ne réduit pas dès les premiers instants la liqueur cupro-potassique, mais après une ou deux minutes la réduction devient de plus en plus abondante; même phénomène avec le nitrate d'argent ammoniacal.

Comme pour l'acide gummique, les alcalis de ces liqueurs exercent une action transformatrice sur l'acide cérabique.

En effet, l'acide cérabique mouillé avec des solutions de potasse, de soude à 10 0/0, d'abord de couleur très blanche, devient de plus en plus coloré, en même temps de plus en plus insoluble.

On s'aperçoit de même qu'il accuse toujours davantage par le sulfate ferrosoferrique la coloration verdâtre caractéristique des tannins verdissant les sels de fer.

L'acide cérabique tenu humide et laissé au contact de l'air accuse la même transformation.

Si l'eau a été légèrement acidulée par l'acide chlorhydrique, on voit se produire beaucoup plus rapidement les mêmes phénomènes; en même temps le pouvoir rotatoire varie extraordinairement et de

$$-26°,82$$

peut passer progressivement, suivant le moment où l'on fait l'observation, à

$$-15°,47 \qquad -10°,07 \qquad -8°,23 \qquad 0°$$

il passe ensuite à droite et peut atteindre, après sept jours, + 50°, + 55°.

Ces phénomènes expliquent pourquoi l'on doit effectuer la préparation de l'acide cérabique avec le plus grand soin; et je tiens surtout à attirer l'attention sur la formation d'une matière tannique, de même que sur le changement de pouvoir rotatoire de gauche à droite.

L'analyse de l'acide cérabique m'a donné :

ANALYSE

Substance	0,3174
CO^2	0,4886
H^2O	0,1793

Soit en centièmes :

C	41,98
H	6,27
O (diff.)	51,75

Plusieurs échantillons analysés m'ont donné les mêmes pourcentièmes, ils coïncident avec la formule

$$C^{12}H^{22}O^{11}$$

et sont ceux par conséquent de l'acide gummique ; ces deux produits seraient isomères.

La moindre influence affectant les propriétés de l'acide cérabique affecte aussi sa composition centésimale.

Un échantillon d'acide cérabique, contenant après préparation des traces d'acide chlorhydrique, était devenu insoluble et manifestait la présence d'un tannin par le sulfate ferrosoferrique, il m'a donné à l'analyse :

ANALYSE

Substance	0,2455
CO^2	0,3419
H^2O	0,1168

Soit en centièmes :

C...........................	37,98
H..	5,28
O (diff.)......................	56,74

L'analyse montre donc que cette modification de l'acide cérabique est corrélative d'une oxydation.

Action de la chaleur. — J'ai distillé au bain de sable dans une cornue de l'acide cérabique. (*Dans toutes mes expériences l'acide cérabique employé avait été préparé avec un seul morceau de gomme de cerisier soluble, pour être sûr d'opérer avec un produit dérivé d'une gomme unique; les gommes du commerce sont souvent des mélanges de diverses gommes.*) En procédant comme je l'ai fait pour l'acide gummique, après distillation fractionnée j'ai obtenu également de l'acétone

$$CH^3 - CO - CH^3$$

et de la pyrocatéchine

$$OH_{(1)} - C^6H^4 - OH_{(2)}.$$

Action de l'acide nitrique. — J'ai fait agir l'acide nitrique de densité 1,4 sur l'acide cérabique, dans les conditions qui m'ont servi pour l'acide gummique, j'ai ainsi toujours obtenu simultanément de l'acide mucique

$$CO^2H - CH.OH - CH.OH - CH.OH - CH.OH - CO^2H$$

et de l'acide oxalique

$$CO^2H - CO^2H$$

Action de l'acide sulfurique dilué. — L'acide cérabique, chauffé au bain-marie avec l'acide sulfurique étendu à 2 0/0, est saccharifié. On obtient, en opérant comme je l'ai dit pour l'acide gummique, de la galactose $C^6H^{12}O^6$ et un sucre en C^5, caractérisé par la coloration violette très nette produite par l'acide chlorhydrique tenant en suspension 1/1000 d'orcine (*furfurol*), qui serait, d'après notre récente expérience avec M. Hanriot, de l'arabinose.

J'ai contrôlé cette réaction avec un certain nombre de matières sucrées : les sucres en C^6 : glucose, lévulose, galactose, m'ont toujours donné la coloration rose (*méthylfurfurol*) ; les sucres en C^5 : arabinose, xylose, prunose (*sucre de la gomme du prunier*), la coloration violette (*furfurol*).

Action de l'acide sulfurique concentré ($d = 1,84$). — J'ai préparé des solutions très consistantes d'acide cérabique et les ai versées sur l'acide sulfurique de densité 1,84. Avec l'acide gummique on produit, dans ces conditions, l'acide métagummique insoluble, comme nous l'avons vu ; avec l'acide cérabique je n'ai jamais pu obtenir une matière insoluble, analogue à l'acide métagummique.

ACIDE RUFICÉRABIQUE

On peut préparer avec l'acide cérabique, dans lequel, comme dans toutes mes expériences, les réactifs ne décèlent pas trace de tannin, un composé analogue à ceux produits par l'acide tannique ordinaire, l'acide morintannique, semblable aussi à celui que j'ai obtenu avec l'acide gummique.

Lorsqu'on met une solution d'acide cérabique en contact avec l'acide sulfurique (d = 1,84) sans agiter, on voit apparaître la coloration rouge cramoisi qui se produit, dans les mêmes conditions, avec les solutions de tannin et avec l'acide gummique.

J'ai donc cherché à préparer ce produit, auquel, par analogie, je donnerai le nom d'*acide ruficérabique*. Voici dans quelles conditions je l'ai obtenu :

Dans un ballon contenant 500 grammes d'acide sulfurique concentré (d = 1,84) on verse lentement une solution contenant 20 grammes d'acide cérabique et 200 grammes d'eau.

On refroidit par un courant d'eau.

L'acide sulfurique gagne, petit à petit, la solution gummique et la colore en rouge ; la partie non encore modifiée est verdâtre.

La réaction est terminée lorsque la coloration a gagné le niveau supérieur ; elle exige, dans ces conditions, environ une heure.

Immédiatement après, pour empêcher la destruction par un trop long contact avec l'acide sulfurique, on verse par petites portions dans dix volumes d'eau, en ayant soin d'agiter. Le lendemain, il s'est précipité une matière rouge brunâtre ayant l'aspect du kermès, conséquemment l'aspect des acides analogues, elle est jetée sur un filtre.

Le liquide filtré contient de la galactose, qui est isolée par concentration de la liqueur sucrée, traitement par l'alcool à 80 centièmes et cristallisations successives. Quant à la matière rouge brunâtre (*acide ruficérabique*), elle est lavée à l'eau jusqu'à ce que le liquide filtré ne précipite plus par le chlorure de baryum.

On sèche sur l'acide sulfurique sous la cloche à vide.

Comme les acides correspondants dérivés des acides tanniques, cette matière est en cristaux très petits, mais très nets, d'une coloration rouge brun, insolubles dans l'eau, assez solubles dans l'alcool, l'éther.

Comme les acides analogues, elle se dissout dans l'acide sulfurique et l'ammoniaque avec une belle coloration rouge. Néanmoins, comme l'acide rufimorique, cet acide ruficérabique ne teint pas les tissus mordancés et, comme lui, précipite l'eau de baryte et l'acétate de plomb.

Le rendement varie entre 5 et 6 0/0.

L'analyse m'a donné :

ANALYSE

Substance	0,2853
CO^2	0,6599
H^2O	0,1019

Soit en centièmes :

C	63,08
H	3,96
O (diff.)	32,96

Ces propriétés si voisines, je dirai même identiques à celles de l'acide rufimorique, produit dans des conditions pareilles à l'aide de l'acide morintannique, établissent un rapprochement entre l'acide cérabique et cet acide morintannique. Nous avons déjà vu que l'acide cérabique accusait par les réactifs des transformations en un tannin.

Les faits que je vais signaler montreront encore que l'acide cérabique jouit, en effet, de cette dernière propriété.

CÉRASINE

Observations. — Suivant l'époque et les auteurs, on a appelé « *cérasine* » diverses matières gommeuses insolubles.

Certaines figuraient, sous cette dénomination, dans la classification de Thomson, alors qu'elles n'étaient pas ainsi dénommées dans celle de Guibourt ; elles reparaissaient sous ce nom dans celle de Guérin-Vary.

Mais dans toutes les classifications les gommes indigènes étaient ainsi appelées ; aussi aujourd'hui donne-t-on quelquefois ce nom à celles-ci exclusivement, tandis que la gomme du cerisier insoluble est toujours appelée *cérasine*.

J'ai déjà dit que la gomme du cerisier est composée de morceaux tout à fait blancs, entièrement solubles, exclusivement composés d'acide cérabique et de bases, et d'autres morceaux dont la couleur varie du rouge cerise au rouge brun. Une partie plus ou moins grande de ces derniers est soluble ; l'autre partie se gonfle seulement dans l'eau, c'est la cérasine.

Le tannin contenu dans la cérasine est la cause de son insolubilité.

La couleur de la cérasine est superficielle ; mais, si l'on met à découvert l'intérieur, mouillé avec quelques gouttes d'eau, sa coloration devient en deux heures aussi forte qu'à la surface.

Cette couleur superficielle et cette modification de la coloration intérieure me firent penser qu'elles pouvaient être dues à la présence d'une matière tannique, qui n'existe pas dans les morceaux blancs et solubles composés exclusivement, comme je viens de le dire, d'acide cérabique et de bases et dont la couleur blanche, conséquemment, n'est pas modifiée par l'eau et l'air après une dizaine d'heures. J'avais dans ces phénomènes une première indication de la présence d'un tannin que je cherchais à confirmer.

Le sulfate ferrosoferrique avec la cérasine me donna la coloration verte caractéristique des tannins verts ; je savais dès lors que la cérasine contenait un tannin ; je dirai plus bas quel procédé j'ai employé pour l'isoler.

De plus, la cérasine seule contenant du tannin, tandis que la gomme soluble n'en contient pas, je me demandai si ce n'était pas cette matière tannique qui provoquait l'insolubilité de la cérasine.

Je fis l'expérience suivante : je mélangeai séparément différents tannins : acide gallotannique, acide cachoutannique, avec des solutions de gomme du cerisier soluble. Ces solutions furent coagulées et la gomme rendue insoluble offrit ainsi toutes les propriétés de la cérasine : le tannin donc dans la cérasine naturelle est la cause de son insolubilité.

J'avais ainsi trouvé, en même temps, le moyen de faire de la *cérasine artificielle*.

Tannin de la cérasine : *Acide cérabitannique.* — Pour isoler le tannin contenu dans la cérasine et que j'appellerai *acide cérabitannique* j'opère de la façon suivante :

L'insolubilité qu'il provoque rend son extraction assez pénible.

Dans une grande ampoule à décantation, je place dans le fond un tampon de ouate, je mets ensuite la cérasine, choisie avec soin, pulvérisée très finement, puis une quantité d'éther suffisante pour couvrir.

On laisse en contact pendant quatre jours, après quoi on fait écouler l'éther dans un ballon, on déplace par de nouvelles quantités d'éther.

Le traitement par l'éther bouillant dans un ballon muni d'un réfrigérant ascendant rend la préparation moins longue.

Dans l'un et l'autre mode de préparation on distille la solution éthérée, on obtient ainsi de fines aiguilles qui commencent à se ramollir à 118°-120°, dont les propriétés sont très voisines de celles de l'acide morintannique, de même que l'acide ruficérabique obtenu avec l'acide cérabique avait ses propriétés très voisines de celles de l'acide rufimorique obtenu avec l'acide morintannique.

Ces aiguilles cristallines sont solubles dans 90 à 100 parties d'eau froide, solubles dans l'eau bouillante, dans l'alcool, l'alcool méthylique, l'éther; la solution éthérée est verdâtre.

Faible réaction acide, saveur astringente.

Les solutions de potasse altèrent ce tannin et le colorent en brun rapidement au contact de l'air, après l'avoir d'abord coloré en jaune.

Il produit de la pyrocatéchine, comme la plupart des tannins verts en se décomposant par la chaleur. La potasse fondante le transforme en phloroglucine.

Les solutions de sulfate ferrosoferrique le colorent en vert foncé. Traité au bain-marie par l'acide azotique ($d = 1,4$), il donne de l'acide oxalique.

ANALYSE

Substance	0,1274
CO^2	0,2829
H^2O	0,0459

Soit en centièmes :

C	60,57
H	4,01
O (diff.)	35,42

Fermentation de la cérasine. — Dès le début de ces études, j'avais remarqué que la gomme du cerisier laissée dans l'eau, à l'air libre, après 45 ou 60 jours était complètement dissoute ; il s'était formé en même temps au fond du vase un abondant dépôt.

Ce fut là une constatation accidentelle, la gomme n'avait pas été choisie, aussi le dépôt contenait-il de nombreuses impuretés.

Mélangés aux matières terreuses, fibres ligneuses, je remarquai, néanmoins, au microscope de nombreuses spores, des tubes mycéliens. J'eus alors l'idée qu'une fermentation pouvait être la cause essentielle de cette dissolution.

Je refis l'expérience avec plus de soin :

Dans un ballon contenant un tiers d'eau et fermé avec un tampon de ouate, le tout préalablement stérilisé, je mis de menus morceaux de cérasine choisis avec le plus grand soin.

Le ballon fut laissé à la température ambiante du laboratoire.

Au cinquantième jour la cérasine était intégralement dissoute, on apercevait de nombreux flocons dans le liquide, celui-ci avait perdu beaucoup de sa couleur. Examiné sous le microscope, il contenait une quantité considérable de spores et de tubes mycéliens.

Cette expérience n'était pas concluante, elle montrait évidemment qu'un nombre considérable de microorganismes s'étaient développés ; mais la dissolution était-elle due exclusivement à leur présence ?

Pour m'en rendre compte, quatre ballons de 250 à 300 centimètres cubes, contenant de l'eau, de la cérasine, garnis de ouate, furent chauffés à l'autoclave trois fois de suite à 125°.

J'ai eu soin de maintenir aussi peu de temps que possible cette température pour ne pas provoquer la dissolution par la chaleur.

La cérasine, restée indissoute après quatre mois, n'était pas, néanmoins. une preuve suffisante pour affirmer que les microorganismes étaient indispensables pour la dissolution.

On pouvait objecter l'altération de la cérasine par la chaleur, qui dans cet état n'était plus capable de se dissoudre.

Pour lever toute hésitation je procédai alors de la manière suivante :

Dans deux de ces ballons, où la cérasine était restée indissoute, j'ai ensemencé avec des pipettes préalablement stérilisées quelques gouttes de la dissolution obtenue dans la précédente expérience ; les deux autres furent gardés comme témoins.

Après 50 à 55 jours la dissolution était complète dans les ballons ensemencés, tandis que les deux témoins étaient restés dans le même état.

Incontestablement, donc, la dissolution s'effectuait

sous l'influence des organismes microscopiques. Il s'agissait, alors, de savoir si leurs germes existent dans la cérasine desséchée, ou s'ils sont seulement déposés à la surface par l'air atmosphérique, comme l'a si bien démontré M. Pasteur dans ses beaux travaux.

Si l'on prend de la cérasine sèche, qu'on la frappe dans un mortier de façon à détacher quelques minces écailles, celles-ci portées sous le microscope, leur transparence aidant, laissent voir de nombreux tubes mycéliens plus ou moins gros, translucides, sporadiques, et des conidies.

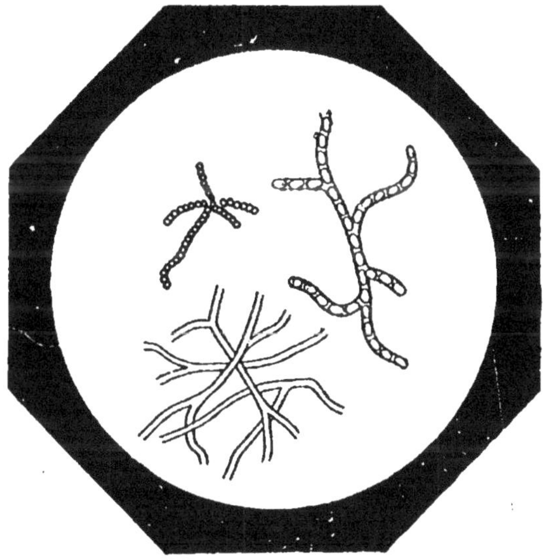

FIG. 1.

Ces organismes contribuent-ils à la fermentation, seuls peuvent-ils la produire?

Pour le rechercher, j'ai introduit dans deux ballons de 300 centimètres cubes un tiers de leur volume d'eau et six morceaux de cérasine d'un centimètre de diamètre environ. Les goulots garnis de ouate, je portai à l'autoclave rapidement à 100°-105°.

J'avais ainsi stérilisé l'eau et la surface des morceaux de cérasine.

Portés à l'étuve à 25°-30°, au bout de quinze jours de grosses houppes mycéliennes s'étaient formées autour des morceaux de cérasine.

Au cinquantième jour la dissolution était effectuée.

Les organismes incorporés dans la cérasine sèche étaient donc capables de produire la fermentation, ils avaient conservé, malgré une longue dessiccation, toute leur activité.

Pendant l'écoulement de la gomme, ils sont déposés à la surface et commencent ainsi leur action.

Je ferai remarquer que ces organismes existent seulement dans la cérasine et que la gomme du cerisier soluble en est habituellement dépourvue. Nous allons voir que le tannin de la cérasine est, en effet,la cause de leur présence.

Il s'agissait donc de savoir quels étaient ces organismes, s'ils appartenaient à une même espèce et de les isoler.

Alors je fis appel aux savants conseils de M. le Dr Roux, de l'Institut Pasteur; son bienveillant accueil m'a été d'un précieux secours, il m'a permis de déterminer la nature de ces microorganismes.

Dans ce but, j'ai utilisé la dernière expérience que je viens de décrire, dans laquelle j'avais stérilisé seulement les parties superficielles de la cérasine.

J'observai au microscope plusieurs gouttes de ce liquide fermenté après les avoir colorées.

Elles m'indiquèrent que j'avais ainsi obtenu une culture presque pure. Néanmoins, je procédai par cultures successives sur des milieux faits avec de la cérasine, sur de la gélose et de la gélatine peptonisées.

Je suis ainsi arrivé à avoir des cultures faites exclusivement d'un même organisme, présentant l'aspect suivant :

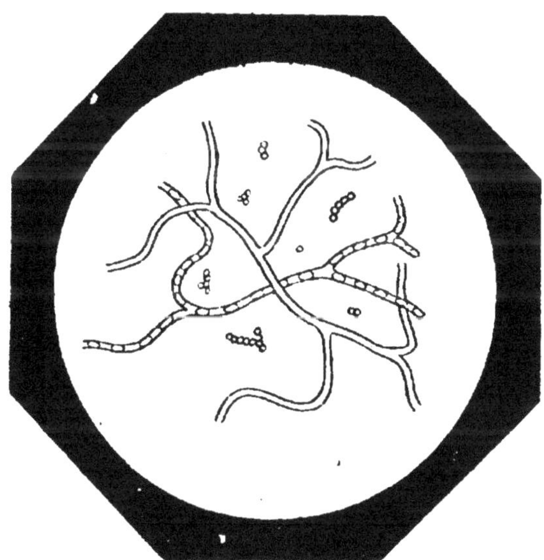

Fig. 2.

J'essayai de faire agir ce microorganisme ainsi purifié sur la glucose stérilisée.

Voici le détail de cette observation :

Dans un ballon de 300 centimètres cubes à tubulure latérale, celle-ci et le goulot fermés avec de la ouate, j'ai mis 30 grammes de glucose et 125 grammes d'eau

Stérilisé à 120°-125° après refroidissement, il a été ensemencé avec une trace de la culture purifiée dont je viens de parler.

Le troisième jour, un dégagement d'acide carbonique très lent commença à se produire ; on pouvait facilement compter les bulles, le liquide était devenu louche.

Le vingt-septième jour, tout dégagement gazeux avait cessé, le liquide était en partie clarifié, un sédiment s'était formé au fond du ballon.

Celui-ci fut examiné au microscope. Au milieu des cellules, spores, déjà représentées, on apercevait par champ deux, trois, quatre articles très volumineux, ou chaînes à forme bizarre, représentés dans la figure 3.

Le liquide fermenté distillé avec un tout petit appareil à fractionnement m'a fourni 0gr,75 d'alcool ordinaire et une petite quantité d'alcool propylique primaire normal (98°,5).

Dans la figure suivante, les cellules foncées (1), à double contour, sont des cellules de la semence qui n'ont pas encore bourgeonné; on y voit encore un très grand nombre de granulations baignées dans un protoplasme hyalin. La cellule (2) commence à donner un article germinatif et perd ses granulations. Le groupe (3) est très développé ; un des tubes de ce groupe mesuré n'avait pas moins de 49 μ.

Étant donné que la cérasine contient un tannin, que le *penicillium glaucum* est un des agents habituels de transformation du tannin ordinaire, que le *penicillium glaucum* prend ces mêmes formes anormales lorsqu'on

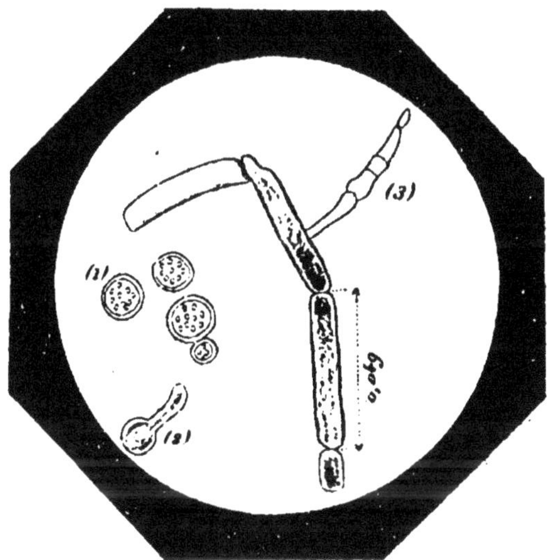

Fig. 3.

l'immerge dans un liquide sucré (Pasteur), j'ai pensé que les formes que je viens de décrire appartenaient à cette moisissure.

Ces phénomènes nous ont été décrits avec une admirable précision par M. Pasteur [1]. Ces observations ont contribué d'une manière éclatante à condamner la transformation de la levure en *penicillium*, en bactéries, en vibrions, ou inversement, comme le voulaient

[1] Pasteur, *Études sur la bière*, page 105.

les théories de Turpin, H. Hoffmann, Berkeley, Trécul, etc.

Comme confirmation de ces expériences, j'ai laissé une solution de tannin ordinaire à l'air libre ; elle a été envahie par le *penicillium glaucum*, qui y a donné des fructifications.

Je me suis servi de cette culture pour ensemencer des ballons contenant de l'eau et de la cérasine préalablement stérilisées.

Le *penicillium glaucum* a végété avec abondance et la dissolution s'est produite comme d'habitude.

Le *penicillium glaucum* existe donc dans la cérasine sèche ; c'est lui qui, dans mes expériences, a provoqué sa fermentation.

Dans ces mêmes expériences, l'addition de quatre ou cinq gouttes d'acide chlorhydrique favorise le développement du *penicillium glaucum* et, conséquemment, la dissolution qui est due à la destruction du tannin (acide cérabitannique), de la cérasine, comme je vais le dire, tannin qui avait provoqué son insolubilité.

Il est probable que d'autres moisissures peuvent produire le même effet.

Le fait suivant démontre cependant que toutes les espèces ne sont pas capables de rendre la cérasine soluble.

150 grammes de cérasine, 1,000 grammes d'eau et 5 grammes d'acide chlorhydrique sans stérilisation

préalable avaient été laissés dans un ballon à l'air libre le 23 juin 1892. Le 12 janvier 1893, le liquide était couvert d'un nombre considérable de moisissures diverses, il n'y avait pas de dissolution apparente.

Quelle est la transformation chimique qui s'est accomplie sous l'influence du *penicillium glaucum ?*

L'acide tannique ordinaire,

$$(OH)^3 \equiv C^6H^2 - CO^2 - C^6H^2(OH)^2 - CO^2H,$$

est coloré en noir bleuâtre par le sulfate ferrosoferrique ; c'est un éther gallique : aussi beaucoup d'influences tendent-elles, celle de la potasse en particulier, à le changer en acide gallique

$$(OH)^3 \equiv C^6H^2 - CO^2H;$$

de même le *penicillium glaucum* amène surtout ce résultat ; on se sert en effet de ce dernier fait pour préparer l'acide gallique.

D'un autre côté, la plupart des autres acides tanniques : cachoutannique, catéchique, morintannique, sont colorés en vert par le sulfate ferrosoferrique ; sous diverses influences, notamment sous celle de la potasse, ils se changent en phloroglucine

$$C^6H^3(OH)^3$$

et produits dérivés. L'acide cérabitannique retiré de la cérasine possède ces mêmes propriétés.

Il n'est alors pas surprenant de trouver dans la cérasine fermentée par le *penicillium glaucum* des traces de phlorizine, de la phlorétine et de la phlorizéine.

C'est la destruction de son tannin qui fournit ces produits ; on comprend donc qu'elle redevienne soluble, tandis que, comme nous l'avons vu, c'était précisément ce tannin qui avait provoqué son insolubilité.

Mes dosages n'ont jamais accusé plus de 0gr,50 d'acide cérabitannique pour 100 grammes de cérasine. Mais ma méthode d'isolement de cet acide par l'éther ne se prête pas à un dosage exact. La cérasine est insoluble dans l'éther, et pourtant, qu'on la pulvérise finement, on comprend que l'éther dissolve seulement le tannin placé à la surface des particules de la poudre. La quantité d'acide cérabitannique est évidemment supérieure à celle donnée par cette méthode, la meilleure de celles que j'ai essayées ; elle est néanmoins petite, et la phlorizine, la phlorétine et la phlorizéine, qui sont des produits de décomposition de cet acide, se trouvent également en faible quantité dans les solutions fermentées.

J'ai pu, toutefois, en isoler suffisamment pour les caractériser.

La phlorizine est très soluble dans l'eau bouillante, soluble dans l'alcool, soluble dans un mélange d'alcool-éther.

La phlorétine est très peu soluble dans l'eau bouillante, soluble dans l'alcool.

La phlorizéine est soluble dans l'eau bouillante, insoluble dans l'alcool.

En considération de ces propriétés, pour les isoler

j'évapore au bain-marie la solution fermentée jusqu'à consistance d'extrait, je traite par l'eau bouillante, la phlorizine et la phlorizéine passent en solution.

La phlorizéine est précipitée par l'alcool, redissoute et précipitée deux, trois fois. Elle est caractérisée par son aspect de résine rouge, infusible, à cassure brillante, éclats transparents, saveur amère, insoluble dans l'alcool méthylique, l'éther; les alcalis la transforment en une substance brunâtre, et, réaction très caractéristique, l'ammoniaque la colore à l'air en rouge pourpre d'abord, puis en bleu foncé [1].

La solution alcoolique de phlorizine est évaporée et traitée par l'alcool-éther. J'ai ainsi obtenu des aiguilles incolores, soyeuses, groupées concentriquement; chauffées un moment à 100°, elles fondent ensuite à 109°. Solubles dans l'alcool, donnant une coloration rouge avec l'acide sulfurique concentré, et avec les alcalis une coloration jaune d'abord, puis rouge brun, toutes propriétés de la phlorizine [2].

Quant au résidu du traitement à l'eau bouillante et qui contient la phlorétine, il est traité par l'alcool fort. La solution alcoolique est concentrée, puis précipitée par addition d'eau. On reprend par l'alcool, on reprécipite, on obtient ainsi de petites feuilles blanches cristallines, à saveur sucrée, fusibles à 180°, insolubles dans l'éther, solubles dans l'acide acétique bouillant, donnant avec

[1] STASS, *Ann. de Chim. et de Phys.*, t. LXIX, p. 393.
[2] STRECKER, *Ann. der Chem. u. Pharm.*, t. LXXIV, p. 184.

un mélange de chlorate de potassium et d'acide chlorhydrique une coloration jaune, toutes propriétés caractéristiques de la phlorétine [1].

Ce deuxième exemple de modification d'un tannin verdissant les sels de fer par le *penicillium glaucum* semble désigner ce microorganisme comme le transformateur habituel de la plupart des corps de cette classe. Il n'exclut pas, toutefois, la possibilité de leurs transformations par d'autres organismes.

Origine du tannin (*acide cérabitannique*) **de la cérasine.** — J'ai souvent observé l'écoulement de la gomme du cerisier, voici ce que j'ai remarqué :

Cette gomme, prise à la partie la plus profonde d'où elle s'écoule, est toujours soluble, très blanche.

Si l'écoulement est lent, comme dans la plupart des cas, au fur et à mesure que l'on observe des parties plus rapprochées de l'extérieur de l'arbre, ces parties sont de plus en plus colorées et insolubles.

De même, si on prend de la gomme du cerisier blanche, entièrement soluble et n'accusant pas la présence de tannin, en la tenant humide à l'air libre elle prend petit à petit de la couleur et, en même temps que cette couleur s'accentue, son insolubilité devient plus grande et, de plus, elle accuse toujours davantage par les réactifs la présence d'une matière tannique. J'ai

[1] H. HLASIWETZ, *Ann. der Chem. u. Pharm.*, XLVI, p. 118.

dit plus haut que les tannins rendaient insolubles la gomme du cerisier soluble.

Nous avons vu le même phénomène avec l'acide cérabique.

En outre, des morceaux de gomme du cerisier blancs et solubles immédiatement après sécrétion ont été partiellement expérimentés. Une partie laissée sur l'arbre trente jours après accusait les mêmes transformations que dans les expériences précédentes.

D'après ces faits, il est certain que le tannin provient de la gomme du cerisier soluble.

1° La production de pyrocatéchine (*dérivé de tannins verts*) par l'acide gummique, l'acide cérabique dépourvus de tannins ;

2° La production des acides rufigummique et rufícérabique (*dérivés de tannins*) par ces mêmes acide gummique et acide cérabique;

Rendent ce phénomène bien vraisemblable et sont une confirmation.

De même, MM. Wigand, Frank, Decaisne, disent que les acides gummiques se produisent aux dépens de la cellulose et que la cellulose fournit de la pyrocatéchine.

D'un autre côté, on a montré que la chlorophylle et les acides gummiques seraient aussi produits par l'amidon, auraient donc ainsi un lien commun, et M. Mesnard vient de démontrer la formation de tannins aux dépens de la chlorophylle[1].

---

[1] *C. R. Ac. des Sciences*, CXV, p. 892.

Chacun de ces faits pris isolément pourrait peut-être paraître insuffisant pour établir la conviction que le tannin de la cérasine est fourni par la gomme elle-même, mais leur ensemble est fait pour l'amener.

Dualité constitutive de l'acide gummique et de l'acide cérabique. — Nous avons vu que l'acide gummique de la gomme arabique vraie sous l'influence d'un même agent m'a donné simultanément deux produits de nature bien différente.

En compulsant les différents résultats de ses modifications et eu égard aux anomalies dans les pouvoirs rotatoires, j'ai montré qu'il y avait lieu de penser que cet acide gummique était constitué par deux principes.

Si nous faisons le même rapprochement pour l'acide cérabique, nous constaterons qu'il se passe absolument les mêmes phénomènes et que, par l'action de la chaleur, de l'acide nitrique, de l'acide sulfurique..., nous avons obtenu toujours deux produits analogues à ceux obtenus avec l'acide gummique.

Nous ferons donc pour l'acide cérabique le même raisonnement que celui fait pour l'acide gummique, et nous le considérerons comme constitué par deux principes.

Ce qui appuierait encore cette version est le fait que les acides gummiques sont, d'après MM. Wigand, Frank, Decaisne, Prilleux, produits aux dépens de l'amidon, dont la dualité constitutive a été démontrée tout récemment.

Beaucoup de dissentiments ont existé sur la constitution de l'acide gummique de la gomme arabique. Presque tous ont eu pour cause la variabilité des pouvoirs rotatoires de cet acide.

Biot et Persoz, plus tard Dubrunfaut, avaient reconnu que la gomme arabique était lévogyre.

Mais M. Scheibler ayant constaté que l'acide gummique était lévogyre et le pouvoir rotatoire variable d'un échantillon à l'autre, attribuait cette variabilité à ce que les gommes arabiques du commerce sont des mélanges formés au moins de deux gommes différentes provenant d'arbres différents, l'une lévogyre, l'autre dextrogyre.

M. Béchamp réfute ces affirmations[1], il dit qu'il a étudié les variétés de gommes commerciales appelées gommes arabiques, gommes du Sénégal, et n'en a jamais trouvé de dextrogyres ; sur ceci, je partage entièrement son avis.

Mais en quoi je suis aussi d'accord avec M. Scheibler, c'est, comme je viens de le dire, sur l'existence dans la gomme de deux principes ; seulement, comme le pense ce savant, ces deux principes ne forment pas chacun une des gommes mélangées, mais, à mon avis, appartiendraient, d'après tous les faits que j'ai rappelés, à une même gomme.

J'ai toujours opéré, je l'ai déjà dit, avec des dérivés d'un seul morceau de gomme qui ne pouvait être dès lors un mélange de gommes diverses.

---

[1] *Bull. Soc. chim.*, 7, 587.

Les deux principes sont combinés. — L'analyse attribuant à l'acide gummique et à l'acide cérabique la formule

$$C^{12}H^{22}O^{11},$$

les deux principes dont ils seraient constitués ne pourraient donc être que des principes hydrocarbonés; et, du fait que les résultats de cette analyse ne varient pas suivant les échantillons analysés, on doit repousser l'hypothèse d'un mélange.

Ces deux principes hydrocarbonés seraient donc combinés.

Le principe régénéré des gommes nitriques répond à la formule

$$(C^6H^{10}O^5)^n ;$$

et l'acide gummique perdant une molécule d'eau H^2O à 115°-120°, sa formule pourrait être alors

$$2(C^6H^{10}O^5) + H^2O = C^{12}H^{22}O^{11}.$$

Essai d'explication de la variabilité du pouvoir rotatoire des acides gummiques et des anomalies dans les pouvoirs rotatoires des composés nitriques. — Supposons dextrogyre le principe hydrocarboné fournissant l'acétone, l'acide mucique, la galactose, et lévogyre celui fournissant les produits tanniques.

Les tannins sont inactifs.

Dans ces acides gummiques, au fur et à mesure que

le principe lévogyre se changerait en tannin, l'influence rotatoire de ce principe diminuerait et le pouvoir rotatoire irait de gauche à droite (*comme le montre l'expérience*).

De même, le principe hydrocarboné fournissant l'acétone, l'acide mucique, la galactose, et que nous supposons dextrogyre, formerait des composés nitriques dextrogyres (*comme le montre l'expérience*), et ce principe dès lors devrait toujours être dextrogyre (*comme le montre l'expérience*) après avoir été régénéré.

On a essayé, en faisant exclusivement appel à la théorie de M. Guye, de donner une explication de ces anomalies dans les pouvoirs rotatoires des gommes nitriques. Cette explication n'est pas en concordance avec tous les faits connus à cause de l'hypothèse sur laquelle elle s'appuie.

On considérait la molécule de l'acide gummique comme constituée par des termes lévogyres et dextrogyres ; l'acide nitrique dans les composés nitriques serait lié par substitution au terme ou aux termes lévogyres et déterminerait ainsi la rotation à droite de la molécule d'abord lévogyre.

Si on pouvait ainsi expliquer le seul fait des pouvoirs rotatoires opposés de l'acide gummique et de ses composés nitriques, on n'expliquait pas celui d'un composé dextrogyre régénéré par ces composés nitriques.

L'acide gummique et l'acide cérabique n'offrent pas les

mêmes réactions. — Comme je l'ai dit dans l'Introduction de ce travail, on a envisagé la plupart des matières gommeuses comme formées par un même élément, l'arabine ou acide gummique.

On a toujours pensé que l'acide gummique de la gomme arabique était identique à l'acide gummique (*acide cérabique*) de la gomme du cerisier.

J'ai donné précédemment [1] deux réactions favorables pour combattre cette opinion, j'en ajouterai une troisième trouvée depuis lors :

1° L'acide gummique peut être rendu insoluble par l'acide sulfurique (*acide métagummique*), l'acide cérabique ne devient jamais insoluble dans les mêmes conditions ;

2° L'acide gummique précipite toujours très abondamment par l'acétate tribasique de plomb, l'acide cérabique ne donne pas trace de précipité avec n'importe quelle quantité du même réactif ;

3° L'acide gummique n'est pas coagulé par les tannins, l'acide cérabique est coagulé, et nous avons vu que c'est à cette propriété que la cérasine doit son insolubilité.

---

[1] *Bull. Soc.*, VII.

TROISIÈME PARTIE

PRUNOSE $C^5H^{10}O^5$

Parmi les nombreuses substances sucrées offertes par la nature on n'en a pas encore trouvé répondant à la formule

$$C^5H^{10}O^5.$$

L'adonite $C^5H^{12}O^5$ seule, alcool correspondant à un de ces sucres : la ribose, vient d'être retirée par Merck de l'*adonis vernalis*[1] et étudiée par E. Fischer[2].

En 1868, Scheibler découvrait, après saccharification de la gomme arabique, l'arabinose dextrogyre, le premier sucre de formule $C^5H^{10}O^5$ connu.

Ses propriétés voisines de celles de la galactose dextrogyre $C^6H^{12}O^6$[3], tous les sucres $C^nH^{2n}O^n$ ayant même pourcentième, la production de l'une et l'autre matière sucrée par une même substance, la gomme arabique,

---

[1] *Jahresberich Ann.*, 1892.
[2] *Deutch. Chem. Gessells.*, XXVI, p. 633.
[3] FUDAKOWSKI, *Deutch. Chem. Gessells.*, VIII, p. 599.

furent les principales causes qu'on ne le reconnut nouveau qu'en 1888.

Pendant vingt ans les opinions furent diverses.

M. Kiliani ayant obtenu de la galactose en essayant de reproduire le corps de M. Scheibler [1] fut l'instigateur des discussions qui ont surgi pendant ces vingt années.

M. Claesson avait retrouvé l'arabinose avec toutes ses propriétés [2]. Successivement M. Kiliani [3] et M. von Lippmann [4] reconnaissaient cette substance pour un principe nouveau.

M. O'Sullivan vient encore jeter l'indécision. Il annonce l'existence de diverses arabinoses isomériques dérivées d'acides qu'il appelle acides arabinosiques. D'après cet auteur, en chauffant l'acide arabique $[\alpha]_j = 27°$ avec l'acide sulfurique étendu, il se formerait l'α arabinose

$$[\alpha]_j = + 140°,$$

la β arabinose

$$[\alpha]_j = + 111°,$$

la γ arabinose cristallisant en prismes rhomboédriques

$$[\alpha]_j = + 91°.$$

Cette dernière, d'après M. Scheibler, serait vraisemblablement de la galactose [5].

---

[1] *Deutch. Chem. Gessells.*, XIII, page 2304.
[2] *Deutch. Chem. Gessells.*, XIV, p. 1270.
[3] *Deutch. Chem. Gessells.*, XV, p. 36.
[4] *Deutch. Chem. Gessells.*, XVII, p 2238.
[5] *Deutch. Chem. Gessells.*, XVII, p. 1732.

M. O'Sullivan dit qu'il se formerait aussi à côté de l'arabinose de l'arabinon $C^{10}H^{18}O^{9}$, qu'il n'a pu obtenir qu'en sirop et facilement transformable en arabinose [1].

M. Muntz, en 1886, pense encore que l'arabinose de MM. Scheibler, Kiliani et von Lippmann est identique avec la galactose du sucre de lait [2].

Mais la préparation de la lactone-arabinose carbonique

$$C^{6}H^{10}O^{6}$$

par fixation d'acide cyanhydrique sur l'arabinose, puis saponification, lactone chauffée pendant deux heures au réfrigérant ascendant avec de l'acide iodhydrique donnant un mélange d'acide caproïque normal $C^{6}H^{12}O^{2}$ et de lactone γ oxycaproïque normale $C^{6}H^{10}O^{2}$, démontre clairement que les arabonates renferment seulement 5 atomes de carbone.

MM. Brown et Morris, en vérifiant le poids moléculaire par l'examen cryoscopique [3], ont de même établi en 1888 que l'arabinose était un sucre de formule nouvelle, $C^{5}H^{10}O^{5}$.

Dès lors, la série des composés en C^{5} était ouverte.

Je donnerai seulement quelques aperçus sur les modes de préparation ou de formation, découverts tout

---

[1] *Bull. Soc. chim.*, LVII, p. 59.
[2] *Comptes rendus Ac. des Sciences*, CII, p. 624.
[3] *Chem. Centralblatt.*, 1888, p. 891.

récemment, des quelques substances connues de cette nouvelle série. J'ajouterai seulement les propriétés ou celles de leurs dérivés, qui pourront me servir à les différencier de la nouvelle pentose que j'ai obtenue par saccharification de la gomme du prunier. (*Je propose de donner le nom de « Prunose » à ce nouveau sucre.*)

Je me servirai aussi de certaines de ces propriétés pour discuter si une des formules de constitution dans l'espace, attribuées, par la théorie du carbone asymétrique de MM. Lebel et Van't Hoff, aux molécules des pentoses aldéhydiques (*pentanetétrolals*) non encore trouvées, peut s'appliquer à la molécule de la prunose.

$$l\ \text{arabinose,}\quad CH^2OH-\underset{\displaystyle H}{\overset{\displaystyle OH}{C}}-\underset{\displaystyle H}{\overset{\displaystyle OH}{C}}-\underset{\displaystyle OH}{\overset{\displaystyle H}{C}}-CHO. \quad \text{———}$$

MM. Stone et Tollens obtiendraient aussi l'arabinose avec le moût de bière et l'acide sulfurique étendu[1].

L'arabinose cristallise en petits prismes brillants, fusibles à 160°, peu solubles dans l'eau froide.

Le point de fusion de l'arabinosazone $C^{17}H^{20}Az^4O^3$ est 158°.

L'arabinose est fortement dextrogyre; elle a immédiatement après dissolution un pouvoir rotatoire double de celui

$$[\alpha]_D = +105°,$$

[1] Stone, Tollens, *Ann. der Chem. und Pharm.*, CCIL, p. 244.

observé après quelques jours de repos ou à la suite d'une ébullition de quelques minutes.

Maintenue à 35° avec 2,5 parties d'acide azotique (d = 1,2) elle se transforme en acide trioxyglutarique

$$\begin{array}{ccccccc} & & OH & & OH & & H & & \\ & & | & & | & & | & & \\ CO^2H & - & C & - & C & - & C & - & CO^2H \\ & & | & & | & & | & & \\ & & H & & H & & OH & & \end{array}$$

actif sur le plan de la lumière polarisée.

Par l'action de l'amalgame de sodium l'arabinose se transforme en son alcool correspondant, l'arabite

$$\begin{array}{ccccccccc} & & OH & & OH & & H & & \\ & & | & & | & & | & & \\ CH^2OH & - & C & - & C & - & C & - & CH^2OH \\ & & | & & | & & | & & \\ & & H & & H & & OH & & \end{array}$$

L'arabite est un corps neutre de saveur sucrée. Elle fond à 102°, se dissout dans l'eau, ainsi que dans l'alcool bouillant ; elle ne réduit pas la liqueur de Fehling.

Longtemps on l'a considérée comme inactive. Chauffée avec du borax, celui-ci a la propriété de lui procurer l'activité.

En partant de cette arabinose dextrogyre, E. Fischer par sa méthode synthétique a obtenu la *l* glucose ; pour cette raison on l'appelle *l* arabinose.

$$\begin{array}{lcccccccc} & & & H & & H & & OH & & \\ & & & | & & | & & | & & \\ d \text{ arabinose}, & CH^2OH & - & C & - & C & - & C & - & CHO. \\ & & & | & & | & & | & & \\ & & & OH & & OH & & H & & \end{array}$$

On doit à Wohl une réaction toute nouvelle pour passer des sucres en C^6 aux sucres en C^5.

Cette méthode lui a fait obtenir une nouvelle arabinose. Parti de la *d* glucose, *a priori*, la théorie indiquait que la nouvelle pentose ainsi obtenue devait être l'inverse de la *l* arabinose. L'expérience a confirmé la théorie : on obtient ainsi une pentose ayant les propriétés de la *l* arabinose, sauf le pouvoir rotatoire égal, mais de signe contraire. La projection de la molécule de l'acide trioxyglutarique actif correspondant doit être représentée par le schéma suivant

$$\begin{array}{ccccccccc} & & H & & H & & OH & & \\ & & | & & | & & | & & \\ CO^2H & - & C & - & C & - & C & - & CO^2H; \\ & & | & & | & & | & & \\ & & OH & & OH & & H & & \end{array}$$

celle de la molécule de l'alcool correspondant, l'inverse de l'arabite, par le schéma

$$\begin{array}{ccccccccc} & & H & & H & & OH & & \\ & & | & & | & & | & & \\ CH^2OH & - & C & - & C & - & C & - & CH^2OH \\ & & | & & | & & | & & \\ & & OH & & OH & & H & & \end{array}$$

$$\text{Xylose,}\quad \begin{array}{ccccccccc} & & H & & OH & & H & & \\ & & | & & | & & | & & \\ CH^2OH & - & C & - & C & - & C & - & CHO. \\ & & | & & | & & | & & \\ & & OH & & H & & OH & & \end{array}$$

—— Peu de temps après la caractérisation de l'arabinose comme sucre en C^5, MM. Wheeler et Tollens découvraient une nouvelle substance sucrée de la même série.

Obtenue par saccharification de la gomme de bois, ils lui donnèrent le nom de xylose [1].

On prépare actuellement ce sucre par saccharification d'une macération de paille d'avoine [2].

La xylose est cristallisée en aiguilles orthorhombiques prismatiques; elle fond à 144°-145°, peu soluble dans l'eau froide.

La xylosazone fond à 161° (M. Bertrand).

La xylose est dextrogyre; les observations faites par Koch ont donné des chiffres allant de

$$[\alpha]_D = +20°,2 \quad \text{à} \quad [\alpha]_D = +21°.$$

Wheeler et Tollens ont trouvé

$$[\alpha]_D = +18°,6 \quad \text{à} \quad [\alpha]_D = +19°,6.$$

Ces dernières déterminations ont été effectuées un certain temps après dissolution complète. Immédiatement après dissolution, les mêmes auteurs avaient trouvé

$$[\alpha]_D = +85°,86.$$

Par l'action ménagée de l'acide azotique elle se transforme en un acide trioxyglutarique inactif, comme l'indique le schéma suivant :

$$\begin{array}{ccccccccc} & & H & & OH & & H & & \\ & & | & & | & & | & & \\ CO^2H & - & C & - & C & - & C & - & CO^2H \\ & & | & & | & & | & & \\ & & OH & & H & & OH & & \end{array}$$

qui admet un plan de symétrie.

---

[1] Wheeler, Tollens, *Ann. der Chem. und Pharm.*, CCLIV, p. 308.
[2] Hébert, *Comptes rendus de l'Ac. des Sciences*, CX, p. 969.

Par l'action de l'amalgame de sodium, M. G. Bertrand[1] a obtenu un sirop qu'il n'a pu faire cristalliser, non plus que E. Fischer, en l'amorçant par quelques cristaux de xylose.

M. Bertrand a reconnu, néanmoins, que ce sirop était constitué par de la xylite, alcool correspondant dont la projection de la molécule est

$$\begin{array}{ccccccccc} & & H & & OH & & H & & \\ & & | & & | & & | & & \\ CH^2OH & - & C & - & C & - & C & - & CH^2OH \\ & & | & & | & & | & & \\ & & OH & & H & & OH & & \end{array}$$

Cette molécule admet un plan de symétrie.

La xylite, en effet, est inactive, elle se différencie de l'arabite par ce fait que le borax ne détermine pas l'action sur la lumière polarisée, elle reste inactive.

Ribose, $\begin{array}{ccccccccc} & & OH & & OH & & OH & & \\ & & | & & | & & | & & \\ CH^2OH & - & C & - & C & - & C & - & CHO. \\ & & | & & | & & | & & \\ & & H & & H & & H & & \end{array}$ —— MM. E. Fischer et Piloty ont obtenu cette matière sucrée par l'action de l'amalgame de sodium à 2,5 0/0 sur une solution acidulée de lactone ou d'acide ribonique obtenu par l'action de la pyridine en vase clos à 140° sur l'acide arabonique.

Cette transformation de l'acide arabonique en acide ribonique est expliquée dans la théorie du carbone asymétrique par une rotation d'un groupe hydroxyle autour

---

[1] *Bull. de la Soc. chim.*, III, p. 551.

d'un carbone voisin d'un carboxyle. L'expérience de M. Pasteur, qui consiste à passer de l'acide tartrique droit à l'acide tartrique inactif, et celle de M. Jungfleisch, pour passer de l'acide inactif au racémique, ont été les premiers exemples de pareilles transformations.

L'étude de la ribose n'est pas encore très avancée; elle n'a pu être cristallisée.

L'osazone n'a pas de point de fusion bien net, elle fondrait entre 140°-147°.

On connaît surtout son action et celle de deux de ses dérivés sur la lumière polarisée.

L'acide trioxyglutarique correspondant

$$\begin{array}{ccccccc} & & OH & & OH & & OH & & \\ & & | & & | & & | & & \\ CO^2H & - & C & - & C & - & C & - & CO^2H \\ & & | & & | & & | & & \\ & & H & & H & & H & & \end{array}$$

est inactif.

L'adonite retirée par Merck de l'*adonis vernalis* [1] serait, d'après E. Fischer [2], l'alcool correspondant à la ribose

$$\begin{array}{ccccccccc} & & OH & & OH & & OH & & \\ & & | & & | & & | & & \\ CH^2OH & - & C & - & C & - & C & - & CH^2OH \\ & & | & & | & & | & & \\ & & H & & H & & H & & \end{array}$$

Ce schéma montre que la molécule de l'adonite admet un plan de symétrie et doit être conséquemment inac-

---

[1] *Jaresbericht Ann.*, 1892.
[2] *Deutch. Chem. Gessells.*, XXIV, p. 633.

tive; de fait, l'adonite présente de grandes analogies avec l'arabite; elles ont même point de fusion, 102°; elle se différencie de celle-ci en ce que le borax ne lui procure pas l'activité optique, elle reste inactive.

PRUNOSE $C^5H^{10}O^5$

La théorie du carbone asymétrique, aidée de la méthode synthétique de M. E. Fischer, donnant comme possible l'existence de nouvelles pentoses, l'obtention de sucres différents par saccharification de quelques gommes diverses, m'ont poussé à rechercher si la gomme du prunier, assez répandue dans le commerce, ne serait pas susceptible de produire une nouvelle matière sucrée.

J'ai obtenu, en effet, à l'aide de cette substance, deux sucres, l'un en C^6, dont je me réservé de continuer l'étude, et l'autre

$$C^5H^{10}O^5,$$

que j'appelle *Prunose*, bien cristallisée, se différenciant nettement de toutes les pentoses obtenues jusqu'à présent.

Je donnerai d'abord le mode de préparation dont je me suis servi pour obtenir cette nouvelle pentose et ensuite ses propriétés.

Préparation. — On met un kilogramme de gomme du prunier grossièrement pulvérisée, 8 litres d'acide sulfurique étendu à 5 0/0 dans un grand ballon. On laisse la gomme se gonfler et l'on agite de temps en temps. Lorsque la matière est complètement distendue, on chauffe le ballon muni d'un réfrigérant ascendant au bain de sable pendant une vingtaine d'heures.

Une agitation intermittente est avantageuse pour empêcher la carbonisation partielle, qui se produirait inévitablement sur les parois du ballon si l'on négligeait cette précaution.

On neutralise, ensuite, par le carbonate de chaux, on filtre et l'on évapore, au bain-marie, jusqu'à consistance de miel.

On reprend par l'alcool absolu bouillant, on filtre ; la solution alcoolique est à nouveau concentrée.

Pour obtenir une cristallisation, il est nécessaire de pousser la concentration jusqu'à ce que la masse se détache à peine du vase.

Après quatorze ou quinze jours, elle est cristallisée, on reprend encore par l'alcool absolu bouillant, on filtre. La liqueur alcoolique concentrée laisse déposer des agglomérations de petits cristaux.

Ils sont essorés à la trompe, lavés à l'alcool absolu froid ; on les purifie par plusieurs cristallisations dans le même solvant.

Propriétés. — La prunose cristallise en petits prismes, brillants, très limpides, anhydres, fusibles à 151°-152°.

Elle est soluble dans l'eau froide, pas soluble dans

l'alcool absolu froid, assez soluble dans l'alcool absolu bouillant ; 1 gramme de prunose exige pour se dissoudre :

Eau à 4°.	1gr16
Alcool 93° à 14°.	352gr80
Alcool absolu bouillant	22gr20

La solution alcoolique ne dépose pas de cristaux par refroidissement, il est nécessaire pour obtenir une cristallisation de la concentrer.

A 50° elle se dissout facilement dans l'acide acétique, elle est insoluble dans l'éther.

Sa saveur est plus sucrée que celle de l'arabinose.

Elle réduit rapidement la liqueur de Fehling et le nitrate d'argent ammoniacal.

Elle ne fermente pas sous l'action de la levure de bière.

Chauffée, la prunose bout à 180°-185°, commence à se décomposer à cette température et laisse dégáger l'odeur de caramel.

Chauffée légèrement avec l'acide chlorhydrique concentré, elle donne du furfurol, reconnaissable à la coloration violette qu'il produit avec l'orcine.

J'ai contrôlé cette dernière réaction donnée par M. G. Bertrand [1], *juin* 1891, comme caractéristique des sucres en C^5. Je l'ai essayée avec l'arabinose, la xylose, j'ai

[1] *Bull. de la Soc. chim.*, *juin* 1891.

obtenu cette même coloration violette (*furfurol*); avec les sucres en C^6 : glucose, lévulose, galactose, on obtient toujours la coloration rouge orangé (*méthylfurfurol*).

J'avais donc dans ce fait très net une indication que la prunose était un sucre en C^5.

J'ai fait la combustion, elle m'a donné:

COMBUSTION

Substance.......	0gr1975
CO^2............	0gr2890
H^2O............	0gr1199

Soit en centièmes :

		Théorie pour $C^5H^{10}O^5$	
C..............	39,90	C.......	40,00
H..............	6,74	H.......	6,66
O (diff.).........	53,36	O.......	53,34

C'est la composition centésimale des sucres

$$C^n H^{2n} O^n.$$

La détermination du poids moléculaire par l'examen cryoscopique m'a donné les chiffres suivants:

POIDS MOLÉCULAIRE PAR LA MÉTHODE CRYOSCOPIQUE DE RAOULT

Substance....................	0gr7278
Poids d'acide acétique..........	50gr
Point de fusion de l'acide	15°68
Point de fusion de l'acide + substance......................	15°32
Abaissement	0°36

$$PM = \frac{39 \times 100 \times 0,7278}{0,36 \times 50} = 157,66$$

Théorie pour $C^5H^{10}O^5 = 150$.

La prunose est donc un sucre de formule

$$C^5H^{10}O^5.$$

Ce résultat obtenu avec l'acide acétique montre déjà que l'acide acétique ne modifie pas sensiblement la prunose.

De plus, l'examen polarimétrique de la solution acétique qui m'avait servi pour la détermination du poids moléculaire a montré que le pouvoir rotatoire de cette solution chauffée au bain-marie pendant une dizaine de minutes avait varié seulement de 5 ou 6°.

De 90°,67 qu'il était d'abord il était passé à 96°,03.

Les cristaux de prunose laissés après évaporation de l'acide acétique fondaient à 139°-140° ; ils montrent que l'altération n'avait pas été sensible, ils ont été simplement hydratés.

En effet, la prunose dans l'alcool à 93° donne une belle cristallisation dendritique; il en est de même si, la prunose étant dissoute dans l'alcool absolu, on évapore la solution à l'air libre.

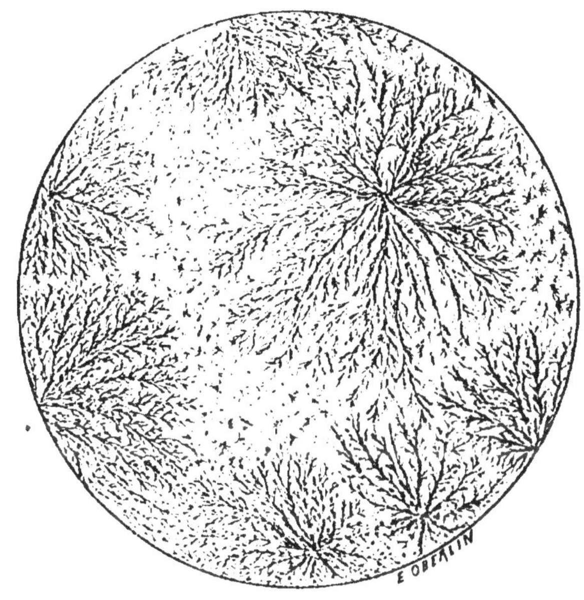

Fig. 1.

Les cristaux ainsi formés fondent à 136°-137°. D'après l'accroissement de poids que subit ainsi la prunose anhydre, on leur attribue la formule

$$(C^5H^{10}O^5)^4 + H^2O.$$

Ces cristaux repris par l'alcool absolu redonnent des cristaux anhydres fondant à 151°-152°.

La prunose est dextrogyre; son pouvoir rotatoire

varie extraordinairement avec le moment où l'on fait la détermination après dissolution; après chauffage à 45°, il reste constant.

Avec une solution très étendue

$p = 0{,}0515 \qquad V = 57{,}35 \qquad \lambda = 2 \qquad t = 14°$

5 minutes après dissolution	$[\alpha]_j = + 224°71$
10 » »	$[\alpha]_j = + 187°35$
15 » »	$[\alpha]_j = + 149°80$
20 » »	$[\alpha]_j = + 112°35$
2 heures »	$[\alpha]_j = + 112°35$
Après chauffage à 45°..........	$[\alpha]_j = + 93°67$
» 90°. .	$[\alpha]_j = + 93°67$

Avec une dissolution plus concentrée

$p = 1{,}200 \qquad V = 22{,}628 \qquad \lambda = 1 \qquad t = 15°$

$$[\alpha]_j = + 90°{,}51.$$

Avec une solution à 9 0/0

$$[\alpha]_j = + 88°{,}29.$$

Ces résultats montrent que le pouvoir rotatoire de la prunose varie extraordinairement pendant les vingt minutes suivant la dissolution. Il atteint un minimum qui ne varie pas après une heure quarante-cinq minutes d'attente; après une journée, il était également resté le même. Mais une température de 45° le diminue encore, donne un point fixe qui ne varie plus après des chauffages répétés à 90°.

Ils montrent aussi que ce pouvoir rotatoire diminue lorsque la concentration augmente.

La prunose chauffée sans précaution avec l'acide azotique ordinaire donne de l'acide oxalique.

Maintenue à 35° pendant trois quarts d'heure avec de l'acide azotique de densité 1,2, elle ne donne pas d'acide trioxyglutarique. Elle se convertit en un sirop se décomposant sous les moindres influences; j'ai cherché à le faire cristalliser dans l'eau, l'alcool, l'alcool absolu, l'acétone; il s'altérait et ne cristallisait pas. Son pouvoir rotatoire est lévogyre.

Pour obtenir la prunosazone, on chauffe sur le bain-marie pendant une demi-heure 1 partie de prunose avec 2 parties de chlorhydrate de phénylhydrazine, 3 parties d'acétate de soude et 20 parties d'eau.

Par refroidissement elle se dépose en aiguilles jaunes groupées concentriquement. On jette sur un filtre, on les redissout dans l'eau bouillante, on filtre et par refroidissement elle se dépose. On lave les cristaux avec le moins d'alcool possible ; par dessiccation sur l'acide sulfurique, sous cloche ils deviennent bruns et compacts.

La prunosazone

$$C^{17}H^{20}Az^{4}O^{3}$$

fond à 156°,5.

J'ai fait agir l'amalgame de sodium dans les conditions suivantes:

A une dissolution aqueuse de prunose à 6 0/0 j'ai ajouté par petites portions 150 grammes d'amalgame de sodium à 3 0/0 pour 100 grammes de solution.

Celle-ci était maintenue neutre par addition d'acide sulfurique très dilué.

Après 7 jours je neutralisai exactement et j'ai concentré la solution jusqu'à pellicule au bain-marie.

Dans le mélange, encore chaud, j'ai ajouté un excès d'alcool à 94° pour précipiter le sulfate de sodium formé.

La solution alcoolique filtrée et concentrée au bain-marie a donné vraisemblablement des cristaux de l'alcool correspondant, ils ne réduisaient plus la liqueur de Fehling. Ces cristaux sont incolores, prismatiques, fins, durs, doués d'un éclat soyeux, réunis en groupes radiés, très solubles dans l'eau, solubles à chaud dans l'alcool absolu, ils fondent vers 134°-135°. Ces caractères feraient de cette substance une pentite. obtenues toutes par ce même procédé.

Mais, vu le peu de substance dont je disposais et la préparation de la prunose dont elle dérive étant très longue, vu la difficulté pour la faire cristalliser, je n'ai pu faire sa combustion ; je me réserve d'ailleurs de continuer son étude et celle de tous les dérivés de la prunose.

Son pouvoir rotatoire pour

$p = 0^{gr},340 \qquad V = 20^{cc} \qquad \lambda = 1 \qquad t = 16^\circ$

$$[\alpha]_j = + 141^\circ,11.$$

Nous poursuivons avec M. Hanriot un travail sur les

chloraloses obtenues avec la prunose, que nous nous proposons de publier ultérieurement.

En se reportant aux principales propriétés des deux arabinoses, de la xylose, de la ribose, propriétés souvent assez voisines et que j'ai données plus haut; si on les compare à celles de la prunose, que j'ai obtenue par saccharification de la gomme du prunier, on constate que celle-ci se différencie nettement de ces sucres précédemment connus de la même série ; elle constitue conséquemment un nouveau sucre en C^5.

Les propriétés des uns et des autres vont me servir pour décider si l'on peut attribuer à la molécule de la prunose une des formules de constitution dans l'espace réservées par la théorie du carbone asymétrique de MM. Lebel et Vant'Hoff, aidée de la méthode synthétique de E. Fischer, aux aldoses pentatomiques (*pentanetétrolals*) non encore découvertes.

L'introduction d'un atome de carbone asymétrique dans une molécule qui en possède déjà crée deux isomères qui ne sont pas nécessairement inverses optiques et qui ne se forment pas nécessairement en quantités égales. En conséquence, si, par un artifice d'exposition qui jusqu'à un certain point coïncide avec la méthode expérimentale qui a servi à M. E. Fischer pour relier les pentoses aux hexoses, celles-ci aux aldoses supérieures par fixation d'acide cyanhydrique, nous faisons dériver toutes les aldoses de la plus simple d'entre elles, la biose, aldéhyde glycolique (*éthanolal*),

$$CH^2.OH - CHO,$$

nous aurons 8 pentoses.

La formule

$$N = 2^n,$$

dans laquelle N est le nombre des isomères et n le nombre des carbones asymétriques, l'indique aussi.

Lorsqu'on réduit ou que l'on oxyde une aldose pentatomique (*pentanetétrolals*) dans certaines conditions, il se produit l'alcool ou l'acide bibasique correspondant :

Un carbone asymétrique disparaît dans la molécule ; n diminuant d'une unité, N diminue de moitié.

Il y aura donc quatre alcools (*pentanepentols*) et quatre acides trioxyglutariques (*pentanetrioldioïques*).

Sur les huit pentoses quatre sont connues, dont deux sont inverses.

On leur a attribué les formules de constitution que j'ai données, en considération :

1° Des propriétés de l'acide *l* saccharique et du fait de sa production indifféremment par la *l* glucose et la *l* gulose ;

2° De l'obtention de la *l* glucose en partant de l'arabinose et des propriétés optiques de celle-ci et de ses dérivés ;

3° De la possibilité d'obtenir la *l* gulose en partant de la xylose et des propriétés optiques de celle-ci et de ses dérivés.

D'après la théorie il reste donc à trouver :

1° Les inverses de la xylose et de la ribose. En se reportant aux propriétés de ces deux sucres et à celles de la prunose, il est aisé de constater que celle-ci ne peut être l'un de ces inverses ;

2° Deux pentoses inverses l'une de l'autre, dont la projection des molécules respectives serait

$$\begin{array}{ccccccccc} & & H & & OH & & OH & & \\ & & | & & | & & | & & \\ CH^2OH & - & C & - & C & - & C & - & CHO \\ & & | & & | & & | & & \\ & & OH & & H & & H & & \end{array}$$

$$\begin{array}{ccccccccc} & & OH & & H & & H & & \\ & & | & & | & & | & & \\ CH^2OH & - & C & - & C & - & C & - & CHO \\ & & | & & | & & | & & \\ & & H & & OH & & OH & & \end{array}$$

Puisqu'il ne peut exister que quatre alcools et quatre acides trioxyglutariques, les alcools et les acides trioxyglutariques correspondant à ces deux pentoses doivent être connus.

Les formules de constitution :

Alcools. . . . . . .

$$\left\{\begin{array}{ccccccccc} & & H & & OH & & OH & & \\ & & | & & | & & | & & \\ CH^2OH & - & C & - & C & - & C & - & CH^2OH \\ & & | & & | & & | & & \\ & & OH & & H & & H & & \\ & & OH & & H & & H & & \\ & & | & & | & & | & & \\ CH^2OH & - & C & - & C & - & C & - & CH^2OH \\ & & | & & | & & | & & \\ & & H & & OH & & OH & & \end{array}\right.$$

Acides trioxyglutariques. .

$$\begin{array}{ccccccccc} & & H & & OH & & OH & & \\ & & | & & | & & | & & \\ CO^2H & - & C & - & C & - & C & - & CO^2H \\ & & | & & | & & | & & \\ & & OH & & H & & H & & \end{array}$$

$$\begin{array}{ccccccccc} & & OH & & H & & H & & \\ & & | & & | & & | & & \\ CO^2H & - & C & - & C & - & C & - & CO^2H \\ & & | & & | & & | & & \\ & & H & & OH & & OH & & \end{array}$$

les montrent identiques, en effet, d'une part aux arabites lévogyre et dextrogyre, d'autre part aux acides trioxyglutariques correspondant aux arabinoses.

Or, la prunose donnant par réduction à l'aide de l'amalgame de sodium la substance dont j'ai parlé, possédant les caractères de la pentite correspondante, caractères non identiques à ceux des deux arabites inverses, ne serait donc pas, d'après la théorie de MM. Lebel et Vant' Hoff, une pentose aldéhydique (*pentanetétrolals*).

Ce serait un sucre cétonique (*pentanetétrolone*).

Le fait qu'elle ne donne pas d'acide trioxyglutarique en serait même une confirmation.

Combinaison de l'arabinose avec le chlorure de sodium. — En faisant des expériences sur les sucres de la même série que la prunose, j'ai été amené à constater un fait nouveau, que je signalerai : c'est la combinaison de l'arabinose avec le chlorure de sodium.

Une solution aqueuse contenant 2 parties de chlorure de sodium et 1 partie d'arabinose pure a été chauffée une demi-heure au bain-marie. Celle-ci évaporée a été reprise par un mélange à parties égales d'alcool-éther. Après plusieurs cristallisations successives dans ce mélange j'ai obtenu des cristaux prismatiques. Soumis à l'analyse, ils ont donné :

Matière employée.	0gr3275
Chlorure d'argent.	0gr4671

Soit en centièmes :

		Théorie pour $C^5H^{10}O^5, 4NaCl + H^2O$
Cl.	35,26	35,32

RÉSUMÉ ET CONCLUSIONS

Je crois utile, pour terminer, de résumer rapidement les résultats de ce travail.

En étudiant d'abord l'acide gummique et l'acide cérabique, préparés chacun avec un seul morceau de gomme correspondante, pour être sûr de ne pas opérer avec un mélange de gommes diverses, j'ai obtenu :

1° Par l'action de la chaleur sur l'un et l'autre produit simultanément de l'acétone et de la pyrocatéchine ;

2° Par l'action de l'acide nitrique, dans les conditions rapportées, de l'acide mucique et de l'acide oxalique ;

3° Par l'action de l'acide sulfurique dilué de la galactose, sucre en C^6, et des sucres en C^5 ;

4° De même par l'action de l'acide sulfurique concentré sur l'un et l'autre acide gummique dépourvu de tannin, j'ai obtenu avec l'acide gummique de l'acide rufigummique et avec l'acide cérabique de l'acide ruficérabique, composés analogues aux acides rufigallique, rufimorique obtenus avec les tannins correspondants ;

5° J'ai fait dissoudre de l'acide métagummique par fermentation à l'aide du *penicillium glaucum* et j'ai constaté la présence d'une matière tannique pendant le cours de la fermentation;

5° J'ai montré que la cérasine (*gomme du cerisier insoluble*) était un mélange de gomme du cerisier soluble et d'un tannin (*acide cérabitannique*); j'ai extrait ce tannin et l'ai étudié, j'ai obtenu dans son étude par l'action de la chaleur de la pyrocatéchine et par l'action de la potasse de la phloroglucine;

7° J'ai montré que c'est précisément ce tannin qui provoque l'insolubilité de la cérasine, et, en conséquence, je prépare de la *cérasine artificielle* en ajoutant des tannins à la gomme du cerisier soluble;

8° J'ai montré que la solubilité des gommes arabiques et du Sénégal doit être attribuée à ce qu'elles ne sont pas coagulées (*rendues insolubles après dessiccation*) par les tannins;

9° J'ai montré que les faits cités dans les deux premières parties de ce travail amenaient la conviction que le tannin de la cérasine (*gomme du cerisier insoluble*) est produit par la gomme du cerisier soluble;

10° J'ai découvert dans la cérasine sèche la présence d'un microorganisme, capable de produire en milieu humide une fermentation dans laquelle le tannin de la cérasine est détruit et la solubilité conséquemment rendue. J'ai obtenu dans cette fermentation la formation de phlorizine, phlorétine, phlorizéine;

11° J'ai isolé ce microorganisme et l'ai caractérisé. C'est du *penicillium glaucum;* ce deuxième exemple de destruction d'un tannin par cet organisme semble la désigner comme l'agent habituel des modifications des tannins;

12° J'ai montré par le rapprochement de nombreux faits que les acides gummiques étudiés ne seraient pas chacun un seul principe immédiat, mais composés de deux.

Les affirmations de MM. Wigand, Frank, Decaisne, Prilleux sur la formation des acides gummiques par transformation de l'amidon, dont la dualité constitutive a été démontrée tout récemment, seraient une confirmation;

13° En me basant sur l'existence de ces deux principes et leurs propriétés, j'ai essayé de donner une explication de la variabilité des pouvoirs rotatoires des deux acides gummiques étudiés et de l'anomalie dans les pouvoirs rotatoires des gommes nitriques et de leurs dérivés;

14° J'ai trouvé trois réactions qui montreraient que l'acide gummique de la gomme arabique et l'acide gummique (*acide cérabique*) de la gomme du cerisier ne sont pas absolument identiques, comme on l'a dit jusqu'à présent;

15° J'ai découvert un nouveau sucre de formule

$$C^5H^{10}O^5;$$

il a été obtenu à l'aide de la gomme du prunier et je lui

ai donné le nom de *Prunose*. Son étude forme une des trois Parties de ma thèse.

Le champ des recherches sur le sujet dont je viens de m'occuper est encore très large. Je ne me dissimule pas qu'un long labeur soit encore nécessaire pour apporter un complet éclaircissement dans les questions que comportent les deux premières Parties. Les difficultés que j'ai rencontrées suffiront, je l'espère, pour m'excuser de ne pas les avoir résolues complètement.

Indépendamment de la nouvelle pentose que j'ai découverte, je crois cependant avoir apporté à l'histoire des acides gummiques, si peu étudiés, un nombre de faits nouveaux intéressants.

Puissent-ils faciliter les heureux résultats des différentes études qui peuvent encore être entreprises sur ce sujet !

En terminant, j'adresse le témoignage de ma profonde gratitude à mon cher Maître, M. le Professeur Friedel, et à M. le Dr Roux, de l'Institut Pasteur.

TOURS, IMPRIMERIE DESLIS FRÈRES

www.ingramcontent.com/pod-product-compliance
Ingram Content Group UK Ltd.
Pitfield, Milton Keynes, MK11 3LW, UK
UKHW020358230726
13925UKWH00003B/1181